성게 실험에서 복제양 돌리까지

From Sea Urchins to Dolly the Sheep
: Discovering Cloning
by Sally Morgan

Copyright ⓒ Harcourt Education Ltd 2006
All rights reserved.
Korean translation edition ⓒ Daseossure Publishing Co. 2013
Published under licence from Capstone Global Library Limited, London
through Bestun Korea Agency, Seoul.

이 책의 한국어 판권은 베스툰 코리아 에이전시를 통하여
Capstone Global Library Limited와 독점 계약한 도서출판 다섯수레에 있습니다.
저작권법에 의해 한국 내에서 보호를 받는 저작물이므로
어떠한 형태로든 무단 전재와 무단 복제를 금합니다.

이 도서의 국립중앙도서관 출판시도서목록(CIP)은 e-CIP홈페이지(http://www.nl.go.kr/ecip)와
국가자료공동목록시스템(http://www.nl.go.kr/kolisnet)에서 이용하실 수 있습니다.
(CIP제어번호: CIP 2013010927)

성게 실험에서 복제 양 돌리까지

미래과학 로드맵 03

샐리 모건 글 | 임정묵 편역

From Sea Urchins to Dolly the Sheep

다섯수레

여는 글 | 복제 과학의 미래를 낙관하며

　대학에 재직하고 있는 교수로서, 열심히 공부해서 대학에 들어온 학생 상당수가 자신이 정말 좋아하고 적성에 맞는 일이 무엇인지 몰라 방황하며 소중한 시간을 소모하는 것이 늘 안타까웠다. 그런 방황이 자신을 찾기 위한 아름다운 시간이며, 젊은 시절에 누구나 한번쯤 고민하는 명제임에는 틀림이 없다. 그러나 자신의 꿈을 구체화시켜 전문성을 마련하는 과정이 대학이고 자신의 차별성을 한껏 드러내는 기회가 전공의 선택임에도 대학이나 전공을 결정한 뒤에도 자신을 찾기 위해 고민하는 젊은이들을 보면 걱정이 앞선다. 숨 막히는 입시 교육 시스템이나 대학 입학만을 목표로 자녀들을 채찍질하는 부모, 그리고 학생들 개개인이 부딪히는 여러 가지 어려운 상황이 그들을 그렇게 만들었을 것이다. 하지만 우리나라의 교육 시스템은 그동안 저명한 교육 전문가들에 의해 꾸준하게 개선되어 온 장점이 많은 교육 체계이고, 자녀교육에 대한 우리나라 부모들의 열의는 세계에서 존경받는 것은 물론 젊은이들에게 또 다른 동기 부여가 된다는 점에서 이를 왈가왈부하는 것은 바람직하지 않아 보인다. 오히려 나 스스로가 젊은이들에게 충분한 관심을 보였는지, 얼마나 시간을 할애했는지 반성하는 것이 어려움과 고민에 빠진 그들에게 조금이라도 도움이 되리라 생각하게 되었다. 결국 우리 젊은이들이 가진 고민을 푸는 데 힘을 보태고, 그들이 적성을 찾을 수 있도록 호기심을 자극해야겠다고 생각했다.

그러던 차에 복제 과학에 대한 편역 제안을 받았다. 원저의 제목은 《From Sea Urchins to Dolly the Sheep》이다. 복제 과학에 대한 독자들의 호기심을 조금이라도 더 자극하기 위해 단순한 번역에 머무르지 않고 원저를 기초로 지금까지 이루어진 복제 과학의 최근 동향을 가능한 많이 소개하고자 노력하였다. 그러다 보니 거의 책을 새로 쓰는 수준의 작업이 되어 버렸다. 복제 과학 분야에서 필자가 겪은 경험이나 연구 과정에서 자칫 소홀하게 취급될 수 있는 것들을 다시 한 번 생각하고, 앞으로 복제 과학 및 생명과학이 풀어야 할 문제점들을 최근의 학문적 성과와 함께 이 편역서를 통해 정리할 수 있었다. 차곡차곡 정리한 생각을 독자들의 호기심을 자극하는 도구로 바꾸는 작업이 쉽지만은 않았다. 그렇지만 원저에서 미처 다루지 못한 최근의 성과와 우리나라 과학자들을 소개하면서 이 책을 읽는 독자들에게 복제 과학 분야에서 가장 중요한 점이 무엇인지를 전할 수 있는 기회를 가진 것에 대해 큰 의미를 부여하고 싶다.

원저에 소개되어 있는 우리나라 과학자들의 업적을 접하며 복제 과학 분야에서 우리나라가 많은 업적을 남겼으며, 나 스스로 대한민국 과학자로서 자긍심을 가지고 있음을 다시 한 번 느낀 것은 참으로 뿌듯한 경험이었다. 진정한 자긍심은 스스로에 대한 겸허와 남에 대한 인정에서 시작되어야 함을 알기에, 복제 과학이 태동하는 데 큰 힘이 되어 준 전 세계의 복제 과학자들에게 존경의 예를 표해야 할 것 같다. 따라서 복제 과학이 얼마나 유구한 역사 속에서 발전했는지 상세하게 소개하려 노력하였으며, 이 분야에서 우리가 일구어 낸 성과와 함께 앞으로 극복해야 할 숙제들을 가감 없이 기술하고자 노력하였다. 이런 작은 노력들이 생명과학사에서 중요한 발전의 계기를 만들어 왔던 복제 과학에 대한 독자들의 정확한 평가로 연결되기를 기대해 본다. 아울러 복제 과학 및 생물 복제와 관련된 생명공학 분야에서 과학자들이 노력하는 학문 발전과 기술 개발의 목적이 단순한 '꿈'이 아님을 독자들이 알아주었으면 하는 바람이 간절하다.

  마지막으로 이 책을 준비하면서 우리나라 복제 과학과 줄기세포학 분야에서 뛰어난 업적을 세운 모든 분과 대학의 동료 교수님들께 다시 한 번 진심으로 존경의 예를 표하고 싶다. 또한 늘 선생님의 이야기를 따라 주며 바쁜 학업 중에도 편저 작업을 도와준 우리 연구실 대학원생들에게도 고마운 마음을 전한다. 이 작업을 통해 복제 과학에 대해 깊이 있게 공부할 수 있는 기회를 준 다섯수레 출판사에도 사의를 표한다.

　원고 편집을 진행하는 사이에 계절이 바뀌었다. 하얗게 눈꽃이 피기도 했고, 눈이 확 트일 정도로 신록을 즐길 때도 있었다. 이렇게 내가 투자한 시간들이 우리 젊은이들에게 복제 과학에 대한 호기심을 자극할 수 있는 계기가 되었으면 좋겠다. 또한 청소년들에게 대학에 진학하기 전에 스스로를 알게 되는 적성 발굴의 기회가 되길 바라는 마음 간절하다. 결국 스스로 원하는 것을 찾는 것이 자신의 삶을 행복하게 만드는 첫걸음이 된다고 믿기에 이 책을 준비하면서 보낸 시간이 나에게는 교육자로서 정말 소중한 시간이 될 것으로 믿어 의심치 않는다.

2013년 7월
관악산 교정에서
임정묵

차례

여는 글_ 복제 과학의 미래를 낙관하며 4

복제 생물의 탄생
자연 상태에서는 어떻게 복제가 일어날까? 12
생명 복제 기술은 어떻게 탄생하게 되었을까? 13
복제는 어떻게 시작되었을까? 14

복제의 시작
성게 실험에서 복제 연구가 시작되다 16
세포에 들어 있는 유전 물질은 무엇인가? 17
영원 복제에 성공하다 18
최초로 클론을 생산하다 19
자연적인 복제는 어떻게 일어날까? 20
무성생식은 어떻게 일어날까? 21
배아는 어떻게 분열할까? 23
분화된 세포가 성체로 자라날까? 25

개구리의 복제
'기막힌 실험'을 계획하다 28
핵 이식을 시도하다 30
핵 이식에 최초로 성공하다 31
성체 세포에서 새로운 개체를 생산하다 33
재조합난자 생산의 성공률이 낮은 이유는 무엇일까? 34

포유류 복제를 향한 도전
성체 세포의 핵으로 복제 동물을 생산할 수 있을까? 38
생명공학이 태동하다 40
과학 윤리는 왜 중요할까? 43

포유류 복제 경쟁이 벌어지다 45
수많은 복제 배아를 생성시키다 45
복제 소를 생산하다 48
대리모를 이용하여 복제 동물을 생산하다 49

복제 양 돌리의 탄생
유전공학과 복제 과학이 함께 발전하다 52

유전자변형 양
동물을 매개로 치료용 물질을 얻다 56
실험 방법을 개선하다 59
세포주기에 맞춰 배아를 만들어 내다 60
복제 동물 생산을 위해 리프로그래밍을 도입하다 63
복제 양 돌리를 생산하다 65
돌리가 복제 동물임을 증명하다 66
복제 동물인지 아닌지 어떻게 구분할까? 68
복제는 옳은가, 그른가? 69

복제 기술에 의한 질병 치료
인간 배아의 복제를 시도하다 72
피부 이식에 복제 기술을 응용하다 74
줄기세포를 발견하다 75
줄기세포를 치료에 활용하려는 노력이 이어지다 77
재생의학에 남은 과제는 무엇인가? 79

희귀 동물과 경제 동물의 복제
이종 간 복제가 가능함이 증명되다 82
복제 기술이 희귀 동물을 구할 수 있을까? 83
슈퍼 소, 양, 말을 생산할 수 있을까? 84
조류 복제를 시도하다 86

비싼 복제 비용을 감당할 수 있을까? 88
복제 동물에서 생산된 식품의 관리 문제가 중요하다 89
해결해야 할 문제들로 어떤 것이 있을까? 91
학문적으로는 어떤 문제가 있나? 91

인간 체세포 복제 배아와 줄기세포
복제 과학의 발전은 기존의 생각을 바꾸는 계기가 되었다 94
생식 복제가 이루어진다면 어떻게 될까? 96
건강한 복제 인간은 가능할까? 99
인간 복제는 왜 논란이 되고 있을까? 100
복제 인간이 태어나면 무슨 일이 생길까? 102
인간 복제는 금지되고 있다 103

복제 과학의 출구 전략
복제 기술은 질병 치료에 어떻게 쓰일까? 106
복제 배아를 활용할 계획을 세우다 107

복제의 과거와 현재, 미래
자연을 변화시킬 수 있을까? 110
복제 과학은 어떤 방향으로 발전해 갈까? 111
복제 과학 발전에 중요한 것은 무엇인가? 113

생명 복제 연구의 역사 117
생명 복제 연구에 공헌한 과학자들 119
복제 과학 발달에 기여한 우리나라 과학자들 122
유용한 도서와 웹 사이트 126

복제 생물의 탄생

복제(cloning)라는 말은 예전에는 〈스타워즈 에피소드 2-클론의 습격〉과 같은 공상과학 영화, 소설에서나 등장했다. 그러나 요즘에는 살아 있는 생명체를 복제했다는 뉴스가 심심치 않게 들리고, 심지어 〈아일랜드〉 같은 시사성 영화나 미래 소설의 주제로도 자주 등장하고 있다. 복제 개 '미시'처럼 세상을 떠난 반려 동물이 복제 기술을 통해 우리 곁에 돌아오는 것도 실제로 가능해졌다. 언젠가는 가수 엘비스 프레슬리와 같은 유명 인사의 복제를 시도하려는 과학자들도 나타날지 모른다.

배아
난자가 수정되었을 때 형성되는 새로운 개체

자연 상태에서는 어떻게 복제가 일어날까?

복제는 생명과학에서 여러 가지 의미로 쓰이지만, 가장 보편적인 의미로는 '완전히 똑같은 생물체를 만드는 것'을 뜻한다. 복제는 실제로 우리 주변에서 종종 보는 자연스러운 현상이다. 예를 들면 주위에서 흔히 만날 수 있는 일란성 쌍둥이(얼굴이 똑같이 생긴 쌍둥이)도 **배아**가 복제되어 생긴 결과이다. 정원에서 자라는 관상용 식물의 가지를 꺾은 후 다시 심어 같은 식물을 여러 그루 만드는 원예 기술도 식물의 복제 능력에서 비롯한다. 최근에 과학자들은 좀 더 새롭고 마음대로 조절할 수 있는 방법으로 생물체를 복제하는 것에 관심을 두기 시작했다. 일련의 실험 결과로부터 개구리나 양과 같은 동물을 복제하는 데 성공하게 되었고, 초기에 개발된 기술들을 개선하여 고등동물의 복제도 시도하기 시작했다.

오른쪽 강아지 스너피는 2005년에 사냥개인 아프가니스탄 종에서 빼낸 체세포로부터 복제되었다. 서울대학교 교수였던 황우석 박사의 연구팀이 스너피를 복제했다. 황우석 박사의 연구는 논문 조작 시비에 휘말리기는 했지만, 이 강아지는 진짜로 체세포에서 복제된 동물임이 검증되었다. 이 연구팀은 이후에도 반려동물 복제를 계속 성공시켰다.

생명 복제 기술은 어떻게 탄생하게 되었을까?

과학자들은 어떤 이유에서 '생물 복제'에 관심을 갖게 되었을까? 뛰어난 경기 성적을 거두는 경주마를 키우고 있다고 한번 상상해 보자. 경주마의 주인들은 경주마를 교배시켜 탁월한 경주 능력을 가진 망아지가 태어나기를 바라겠지만, 그렇지 않은 경우도 이따금 생긴다. 아무리 뛰어난 경주마라도 그들의 **유전자**에는 도움이 안 되거나 심지어 능력을 떨어뜨리는 정보가 포함되어 있기 때문이다. 능력이 우수한 경주마끼리 교배하여 태어난 망아지는 유전자 각인(genetic imprinting)이라는 현상에 의해 부모의 열등한 유전 정보가 발현되어 경주 능력이 떨어질 수 있다. 그런데 복제 기술은 완전히 똑같은 자식을 만들기 때문에 이런 문제를 단번에 해결할 수 있다. 경주마뿐 아니라, 우유나 고기를 많이 생산하는 경제 동물들도 복제하여 생산량을 크게 늘릴 수 있고, 주인이 애지중지 키우던 반려 동물도 복제할 수 있게 되는 등 생물 복제 기술은 무궁무진하게 활용될 수 있다.

유전자
DNA를 구성하는 부모로부터 자손에게 전달되는 유전의 단위

" 과학사에 남은 말

1963년 영국 과학자 홀데인은 그리스어로 쌍둥이를 뜻하는 복제(클론, clone)라는 말을 세계 최초로 사용했다. 홀데인은 강연에서, 언젠가 복제 인간이 세상에 나타날 거라고 예측했다. 그는 가장 뛰어나고 가장 영리한 사람이 복제될 것이며 이를 통해 인류가 더욱 진화할 것이라고 주장했다.

영원
도롱뇽목 영원과의 동물. 몸이 가늘고 길다. 세로로 납작한 긴 꼬리가 있고, 네발은 짧고 물갈퀴가 있다.

포유류
젖을 먹여 자손을 키우는 동물로 가장 진화가 된 생물로 여겨지고 있다. 우리 인간도 여기에 포함된다.

백혈병
백혈구에 발생하는 혈액암

복제는 어떻게 시작되었을까?

복제 과학은 백 년 전쯤 과학자들이 동물의 효과적인 번식 방법을 연구하면서 시작되었다. 처음에 과학자들은 복제가 수시로 일어나는 간단한 생물체에서 복제를 시도하다가 곧이어 양서류인 개구리나 도롱뇽의 일종인 **영원**의 복제를 시도하기 시작했다.

복제 실험은 고등동물일수록 까다로워서 과학자들은 **포유류**의 복제가 불가능하다고 믿었다. 그러나 영국 로슬린연구소의 이언 윌머트 박사가 복제 양 돌리를 만들어 내면서 이 생각이 잘못되었음이 입증되었다. 미생물과 하등동물에서 시작된 복제 기술은 고등동물에게도 응용될 것이며 가까운 장래에 파킨슨병이나 **백혈병**을 앓는 사람들을 치료하는 데에도 활용될 수 있을지 모른다.

이 책은 복제의 역사를 단계별로 다루고 있다. 복제 과학이 걸어온 길은 한 걸음, 한 걸음이 도전의 역사이다. 그동안 수많은 성공과 실패가 엇갈렸고, 복제에 관련한 이야기는 오늘날에도 여전히 계속되고 있다. 새로운 과학인 복제 기술의 옳고 그름에 대해 과학자, 정치인, 일반인들 사이에 많은 논란이 계속되고 있다. 이 책은 복제 과학의 발전사는 물론, 복제에 대한 다양한 생각과 논란을 소개하고 있다.

자연적으로 복제된 쌍둥이

복제의 시작

복제 과학의 시작은 1890년대로 거슬러 올라간다. 당시 과학자들은 광학현미경으로 세포를 관찰하면서 어떻게 세포가 분열하고 새로운 세포를 형성하는지에 대해 연구하고 있었다. 꾸준한 연구 결과 과학자들은 유전 정보가 모세포로부터 분열한 후 새롭게 생긴 딸세포로 전달된다는 사실을 알게 되었다. 당시 과학자들은 유전 정보가 세포핵에만 존재한다고 믿었는데, 지금은 세포질에도 있다는 사실을 알게 되었다. 과학자들은 세포가 어떻게 생겨나고 자라고 기능하는지를 결정하는 유전 정보의 정체를 알아내는 데 많은 노력을 기울이고 있다.

배아

난자와 정자가 만나 수정한 후 처음 발생하는 세포. 하나의 균일한 세포질로 구성된 단세포로 시작하나 세포 분열을 통해 여러 개의 할구로 발생하게 된다. 할구의 수에 따라 2세포기 배아, 4세포기 배아 등으로 구분한다.

성게 실험에서 복제 연구가 시작되다

복제 연구는 독일 과학자 한스 드리슈(1867~1941)의 성게 실험에서 시작되었다. 드리슈는 유전 정보가 세포 사이에 어떻게 전달되는지에 흥미를 가졌다. 당시 다른 과학자들은 세포가 분열할 때 유전 정보가 일부 손실된다고 생각하고 있었다. 이 생각이 틀렸다고 생각한 드리슈는 이를 증명하고자 했다.

드리슈는 크기가 커서 관찰하기 쉬운 성게의 배아세포를 연구하기로 했다. 배아세포란 생물이 발생하는 과정에서 최초로 생기는 세포로 맨 처음 발생이 시작될 때는 크기와 성질이 비슷한 특성을 가지고 있다. 드리슈는 최초로 2개의 딸세포로 분열한 배아세포를 채집해서 바닷물이 든 비커에 넣고 두 세포가 나뉠 때까지 계속 흔들었다.

그러자 두 세포는 서로 떨어져 물속에서 떠돌면서 각각 자라기 시작했는데, 성체로 성장한 성게는 크기와 모양이 똑같았다. 이 연구를 통해 드리슈는 세포 분열 시 유전 정보가 전혀 감소하지 않음을 명확하게 증명했음은 물론, 최초로 복제 생물을 만드는 데에도 성공했다. 드리슈의 실험에서 붙어 있던 배아세포를 흔들어 분리하는 과정이 있는데, 자연적으로 발생되는 일란성 쌍둥이의 경우 이러한 분리가 우연하게 일어나 각각의 성체로 발육한 경우이다. 즉, 하나의 **배아**가 2개로 나뉘어 자랄 때 쌍둥이가 형성된다.

성게는 피부에 가시가 돋친 극피동물에 속하며 바다에 산다.

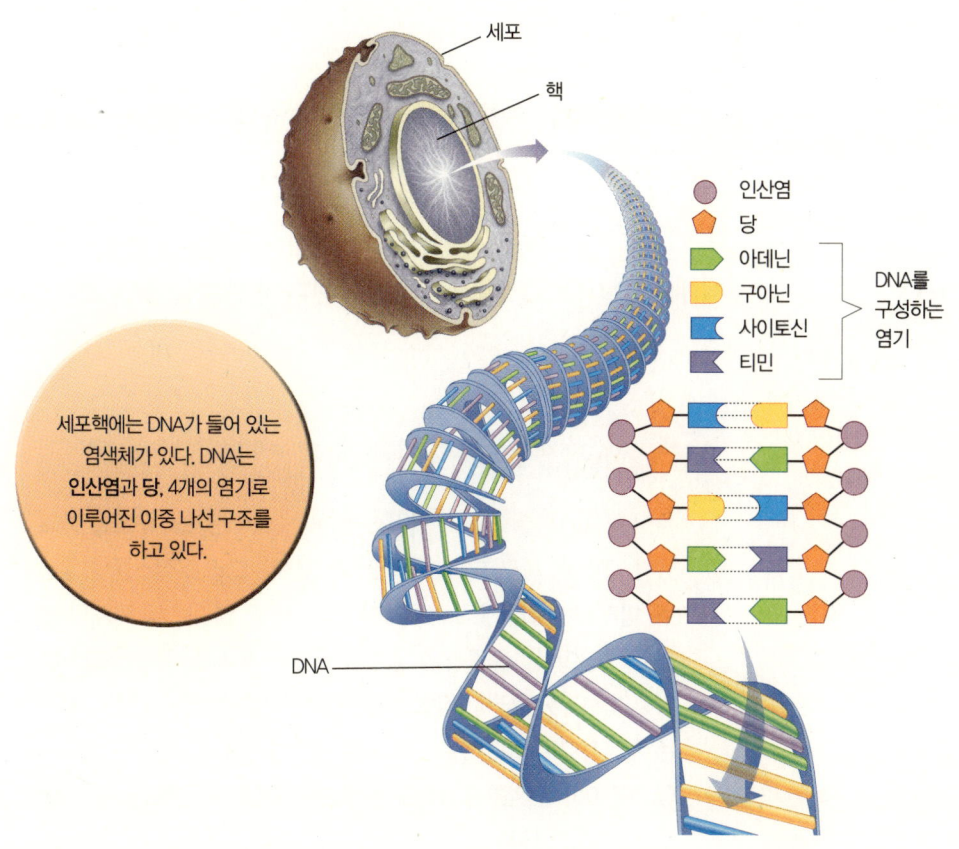

세포핵에는 DNA가 들어 있는 염색체가 있다. DNA는 **인산염**과 **당**, 4개의 염기로 이루어진 이중 나선 구조를 하고 있다.

세포에 들어 있는 유전 물질은 무엇인가?

세포 안에는 커다란 **핵**이 있고, 핵 속에는 실타래처럼 생긴 기다란 **염색체**가 있다. 염색체는 기본적으로 DNA(deoxyribo nucleic acid)로 구성되는데, DNA는 생명체가 가지고 있는 고유의 특성과 모든 기능에 대한 정보를 간직하고 있는 화학물질이다. 이런 정보를 유전 정보(genetic information)라 한다. 유전 정보를 보유하는 DNA는 특정한 구조를 가지고 있으며, 이러한 DNA가 모여 유전자를 구성한다. 또한 수백 개의 유전자

인산염
유전자의 기능을 조절할 수 있으며 에너지 합성과 분해에 관여하는 염기이다.

당
DNA의 구성 물질인 탄수화물이다.

핵
세포의 핵심 부분으로 DNA를 포함하며 세포의 다양한 기능을 조절한다.

염색체
세포의 핵 내에 존재하는, DNA와 단백질을 구성하는 실 같은 구조

DNA
유전 정보를 보유하고 있다. 세포의 핵에 주로 존재하며, 네 가지 염기로 구성된 긴 사슬 구조를 가진다.

분자
하나 혹은 그 이상의 원자로 구성되며 물질의 특성을 갖는다.

염기
특정 유전자를 구성하기 위해 순서대로 배열된 네 종류(아데닌, 구아닌, 사이토신, 티민)의 화학물질

유전자 암호
DNA를 구성하는 염기의 서열에 따라 서로 다른 유전 정보를 보유하게 되는데 이것을 유전자 암호라고 한다.

가 모여 염색체 1개를 구성하게 된다. 즉 염색체는 유전자로, 유전자는 DNA로 각각 구성되어 있다. 20세기 전반에 과학자들은 DNA가 가지고 있는 유전 정보는 일련의 생식 과정을 거쳐 다음 세대로 안전하고도 일정하게 전달된다는 사실을 증명했다.

DNA란 무엇인가?

1953년 프랜시스 크릭과 제임스 왓슨이 DNA **분자**의 구조를 밝혀 냈다. DNA는 세 가지 요소 즉 당과 인산염, 그리고 질소를 함유하는 '**염기**'라는 화합물로 이루어져 있다. 이 중 염기는 네 가지의 물질로 구성되며, 네 종류의 염기가 특이한 순서로 길게 결합하여 DNA가 보유한 **유전자 암호**를 형성한다. DNA에 있는 네 개의 염기는 자유자재로 결합할 수 있으므로 무한한 정보 암호를 구성할 수 있으며, 이러한 암호를 토대로 생물체를 구성하는 단백질을 포함한 모든 물질이 합성된다.

영원 복제에 성공하다

20세기 초반에 독일 과학자 한스 슈페만(1869~1941)은 영원을 가지고 배아 실험을 하고 있었다. 영원은 꼬리가 달린 양서류로 개구리, 도롱뇽과 친척이다. 1901년 슈페만은 한스 드리슈가 몇 년 전에 했던 것과 아주 비슷하지만, 더욱 진보된 일련의 실험을 성공적으로 수행했다. 우선 슈페만은 영원의 배아가 2개의

할구로 나뉘자마자 분리해서 똑같은 영원으로 키우는 데 성공했다. 이는 드리슈의 실험 결과대로 분리된 각각의 배아세포(할구)에 완전한 성체로 발육하기 위한 모든 유전 정보가 담겨 있다는 사실을 증명한 것이다.

세포질
세포를 채우고 있는 젤리 같은 물질

최초로 클론을 생산하다

1914년 슈페만은 복제 과학 발전에 있어 대단히 중요한 실험을 수행했다. 그는 할구로 나뉘기 전에 배아세포(1세포기 수정란)를 채취한 후, 세포 중간을 머리카락으로 단단히 묶어 핵을 한쪽에 치우치게 했다. 즉, 머리카락으로 나눈 한쪽의 배아는 핵을 포함한 **세포질**, 다른 한쪽은 핵이 없는 세포질로 나눈 것이다. 그러자 한쪽으로 치우친 핵을 포함한 세포질은 계속 분열하여 곧 여러 개의 할구로 발생한 반면, 세포질만 있는 부분은 분열하지 않고 발육이 정지되었다. 그다음 슈페만은 새로 생긴 핵 중의 하나를 성장이 정지된 세포질만 있는 반대편에 주입했다. 그러자 주입된 부분도 분열을 시작했다. 즉, 슈페만은 핵을 핵이 없는 다른 세포질로 옮겨 세포 분열을 유도할 수 있음을 밝혔고, 이 과정을 통해 하나의 핵을 가진 세포로부터 복수의 개체를 인위적으로 만드는 데 성공했다. 이 실험은 복제 기술의 기초가 된 굉장한 실험이었고, 핵과 세포질의 상호 작용 및 복제와 관련된 중요한 생물학적 현상을 이해할 수 있는 계기가 되었다.

자연적인 복제는 어떻게 일어날까?

무성생식
암수 배우자의 융합 없이 이루어지는 생식으로, 부모와 동일한 자손이 발생한다.

유성생식
두 생식 세포, 일반적으로 난자와 정자가 융합하여 이루어지는 생식

복제는 자연계에서 자연스럽게 발생하며 대개 식물이나 단순한 생물에서 종족을 유지하기 위해 일어난다. 이런 생물에서 일어나는 복제 현상은 어느 세포가 단순하게 복제되는 것으로, 복제되는 세포가 암컷이면 암컷, 수컷이면 수컷으로 한쪽 성만 복제된다. 따라서 이러한 복제(종족 번식) 과정을 **무성생식**(단성생식, 처녀생식)이라고 한다. 반면 고등동물에서는 암컷과 수컷이 관여하여 생식 활동이 일어나는데 이러한 현상을 무성생식과 구분하여 **유성생식**이라고 한다.

배우자가 필요한 유성생식에 비해, 무성생식은 과정이 단순해서 짧은 시간 안에 자기 자신을 대량으로 복제할 수 있다. 유성생식은 자식에게 부모의 유전 정보가 섞여서 전해지는 데 반해, 무성생식은 암컷 또는 수컷과 완전히 동일한 유전 정보가

무성생식은 복제되는 세포나 개체와 동일한 성만을 증식한다. 반면 유성생식은 부모의 유전 정보가 섞여 아기를 구성하는 새로운 유전 정보를 만든다.

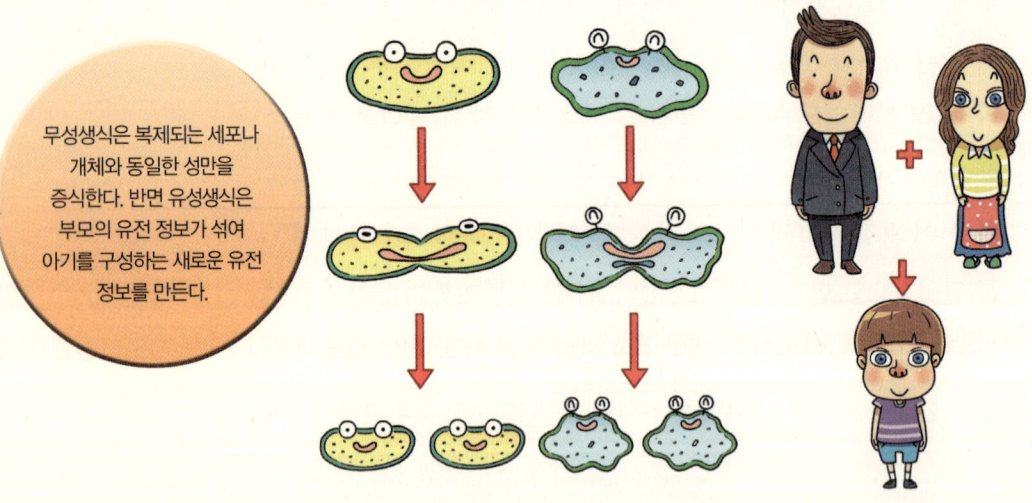

자식에게 전해진다. 일부 동식물은 식량이나 공간이 충분해서 개체 수를 빨리 늘리고 싶을 때 또는 아주 위급한 상황일 때 무성으로 생식한다. 그렇지만 포유류 등 고등동물에서는 무성생식이 자연 상태에서는 일어나지 않는다. 최근 과학자들이 포유류에서 무성생식을 가능하게 한 놀라운 기술을 개발했는데, 이것이 바로 체세포 복제 기술이다.

박테리아
세균. 핵을 가지고 있지 않은 단세포 생물

놀라운 과학 세상!
이상적인 환경 조건에서 하나의 **박테리아**는 단 7시간 만에 2백만 개의 박테리아로 분열할 수 있다.

무성생식은 어떻게 일어날까?

좋은 조건을 갖추어 주면 하나의 박테리아는 약 20분 간격으로 분열할 수 있다. 분열해서 생긴 두 세포는 다시 분열하기 위한 준비를 한다. 곰팡이의 일종인 효모는 대개 출아법(出芽法)으로 무성생식을 한다. 출아법은 싹이 돋듯이 세포의 한쪽에서 작은 혹 같은 것이 생겨나서 점점 커지다가 떨어져 나가는 생식 방법을 말한다.

말미잘과 친척인 히드라 역시 출아법으로 생식한다. 효모처럼 몸체의 한쪽에서 싹 같은 것이 생겨나서 점점 자라 새로운 히드라가 된다.

말미잘은 촉수 밑에 작은 말미잘로 자라날 여러 개의 싹을 만든다. 그 자손은 떨어져 나가 독립적인 말미잘이 될 때까지 모체와 함께 살아간다.

배아는 어떻게 분열할까?

유성생식에 대해 좀 더 자세히 알아보자. 정자와 난자가 결합하는 수정을 통해 배아가 생성된다. 정자가 난자의 세포막을 뚫고 세포질로 들어가 **수정**이 이루어진다. 이런 수정 과정을 통해 정자가 가진 수컷의 유전 정보와 난자가 가진 암컷의 유전 정보가 배아에서 합쳐진다. 배아는 아직까지 알려지지 않은 어떤 법칙에 의해 어떤 정보는 수컷의 유전 정보를, 또 어떤 정보는 암컷의 유전 정보를 선택하게 된다. 이런 방식으로 배아 고유의 유전 정보가 형성되는 생물학적 현상을 유전자 각인(genetic imprinting)이라고 한다. 유전자 각인에 의해 고등동물은 각각의 부모 유전자들이 조합된 고유한 특성을 가진 후손이 발생하게 된다. 옛날에는 과학자들이 이 점을 몰랐기 때문에 유전자의 일부가 생식 과정에서 손실되는 것으로 오해했다.

수정
정자와 난자의 핵이 융합되어 새로운 생명체를 만드는 일련의 과정

우리 몸을 구성하는 수많은 장기와 조직의 정보 중 일부는 아빠로부터, 일부는 엄마로부터 받게 되어 결과적으로 아기 고유의 유전자 조합을 가지게 된다. 이러한 현상을 유전자 각인이라고 한다. "아기가 눈은 엄마, 코는 아빠 닮았네."라고 우리가 흔히 이야기하는 것이 바로 유전자 각인이다.

배아, 즉 수정란은 분열해서 똑같은 세포 2개를 형성하는데, 이렇게 분열해서 생긴 세포를 할구라고 한다. 2개의 할구를 가진 배아가 2세포기 배아이다. 잠시 후 2개의 할구는 4개의 할구로 분열하고 다시 8개, 16개, 32개, 64개, 128개 이상의 할구로 분열한다. 이러한 배아를 4세포기, 8세포기, 16세포기 배아(수정란)라고 한다. 동물에 따라 다르지만 대체로 16세포기 이상의 배아는 상실기, 그리고 상실기를 지나 더 분열한 배아는 '배반포'라고 한다.

일반적으로 상실기까지는 배아가 똑같은 모습의 할구들로 구성되고, 둥근 덩어리 형태를 이룬다. 배반포기에 들어서 비로소 할구들이 각각 다른 모습으로 발육하기 시작한다. 이런 현상을 '분화'라고 하는데, 동물에 따라 최초로 분화가 일어나는 시기가 다르다(보통 수정한 후 2~7일 정도). 배반포기 이후로는 갈수록 분화가 진행되어 사람의 경우 14일에 도달하면 우리 몸의 모든 세포와 조직을 구성할 기반이 닦인다. 즉, 배아를 구성하는 할구는 똑같은 세포를 늘려 가다가 어느 단계부터 분화를 시작하고 분화를 통해 우리 몸을 구성하는 모든 세포와 조직을 생성한다. 똑같은 형태였던 세포들이 여러

4세포기 단계의 배아

사람의 배아에는 염색체가 몇 개 있을까?

사람의 경우 **생식세포**인 정자와 난자를 제외한 모든 세포가 46개 (23쌍)의 염색체를 가지고 있다. 난자와 정자는 23개의 염색체만을 가지고 있는데, 이는 유성생식을 통해 형성된 배아가 46개의 염색체를 유지하기 위해서이다. 만약 생식세포의 염색체가 46개라면, 그들이 합쳐져 하나의 세포가 되면서 92개의 염색체를 갖게 될 것이다. 생식세포는 23개의 염색체를 가지기 위해 염색체의 수가 절반으로 줄어드는 분열 과정을 거치는데 이 현상을 '감수 분열'이라고 한다. 하나의 수정란은 난자와 정자로부터 각각 23개씩의 염색체를 받아 46개의 염색체를 가지게 되며, 이 과정에서 부모의 유전 정보가 섞여 새로운 유전 정보를 형성하게 된다. 염색체 하나하나가 수많은 유전 정보를 포함하고 있는 데다가, 염색체가 46개나 있으므로 배아에서 조합되는 유전 정보의 가짓수는 끝이 없다. 이것이 바로 왜 인류가 모두 다르게 생겼는지를 설명해 주는 생물학적 현상이다.

생식세포
수정에 관여하는 세포로 수컷의 경우 정자, 암컷의 경우 난자를 가리킨다.

발생학
생물이 태어나는 과정과 현상을 탐구하는 학문으로 생식세포의 생성부터 세포, 조직, 장기의 생성을 포함한 태아 발달까지가 연구의 대상이다.

가지 형태로 발달하는 분화를 통해, 할구는 결과적으로 피부세포가 되기도 하고 간세포, 근육세포, 혈액세포가 되기도 한다. 당연히 이 과정에서 세포는 구조적인 변화를 겪는데, 적혈구세포가 핵을 잃는 것이 대표적 예이다.

분화된 세포가 성체로 자라날까?

슈페만은 현대 **발생학**의 창시자라고 할 만큼 대단한 과학자였다. 말년에 그는 세포의 분화 과정에 대한 생각에 빠져 있었다. 그는 분화된 세포핵이 새로운 개체로 발달하고 성장하는 데 필요한 모든 유전 정보를 여전히 갖고 있는지, 즉 세포가 변화하고 분화하면서 세포핵이 가진 유전 정보가 어떻게 변하는지를 알아내고 싶었다.

1938년에 슈페만은 이 질문에 답해 줄 실험을 제안했다. 그는 이 실험에 '기막힌 실험'이라는 이름을 붙였다. 그는 양서류인 영원의 성체 세포로부터 모든 유전 정보가 들어 있는 완전한 핵을 제거하고 싶었다. 그러고 나서 슈페만은 핵이 제거된 난자의 세포에 성체 세포의 핵을 넣으려고 했다. 슈페만은 새로운 핵을 받은 난자가 성체로 자라는지가 궁금했다. 만약 이 실험이 성공했다면, 분화된 성체 세포가 건강한 개체를 새로 만드는 데 필요한 모든 유전 정보를 여전히 갖고 있다는 것을 증명했을 것이다.

애석하게도 슈페만은 몇 년 후인 1941년에 죽어서 이 실험을 완수할 수 없었다. 1952년에 이르러서야 로버트 브리그스와 토머스 킹이 이 실험에 성공했다(28~32쪽 참조).

이 동물은 동굴도롱뇽이다. 이런 도롱뇽과 영원은 꼬리가 달린 양서류이다. 슈페만이 실험 대상으로 이들을 고른 이유는 아마 커다란 알을 낳기 때문일 것이다.

개구리의 복제

한스 슈페만은 1938년에 생물 복제와 관련된 '기막힌 실험'을 제안했지만 당시는 제2차 세계 대전(1939~1945)으로 세상이 혼란에 빠지면서 생물학 연구가 제대로 이루어질 수 없었던 시대였다. 복제 연구도 1952년 미국 필라델피아에서 로버트 브리그스(1911~1983) 연구진이 개구리 배아 복제에 성공하기 전까지 별다른 진전이 없었다.

변태
개구리 같은 동물이 유충에서 성체로 변화할 때 일어나는 과정

이식
신체의 한 부분에서 다른 부분으로 살아 있는 조직을 옮기거나, 한 사람으로부터 다른 사람에게 옮기는 것

'기막힌 실험'을 계획하다

브리그스는 개구리 배아가 올챙이가 되었다가 개구리로 변하는 과정에 관심을 가졌다. 이러한 과정을 과학자들은 **변태**라고 부르는데 브리그스는 핵과 핵에 존재하는 염색체의 역할에 대해 관심이 많았다. 당시에는 세포가 분화함에 따라 유전 정보가 손실되는지에 대해 극렬한 논쟁이 지속되고 있었다.

여러 해 동안 개구리 배아를 가지고 연구한 후, 브리그스는 이제 슈페만이 유전 정보가 유지되는지 증명하기 위해 제안했던 '기막힌 실험'을 해도 되겠다고 생각했다. 그는 개구리 배아로부터 핵을 분리, 채취하기로 결정했다. 그리고 핵이 제거된 난자에 그 핵을 **이식**하려는 계획을 세웠다. 많은 동료가 이 계획이 실패할 것이라고 생각했고, 브리그스 자신도 기술적으로 어려운 이 실험에 성공하리라 확신하지 않았다.

이 실험을 수행하기 위해 브리그스는 아주 정밀하게 세포를 조작할 필요가 있어서 미세조작(micromanipulation)을 전공한 토머스 킹과 함께 연구하기로 했다. 실험을 시작하기 전 그들은 특수 유리바늘과 피펫(액체를 빨아올리는 진공 유리관)을 포함한 아주 정밀하고도 작은 도구들을 만들었고, 당시 수준으로는 최

흔히 볼 수 있는 올챙이의 모습이다. 뒷다리가 생겨나고 있다.

고의 성능을 가진 광학현미경을 이용하여 실험을 하기로 계획했다.

변태란 무엇인가?

개구리나 두꺼비 같은 양서류는 땅 위에서도 살고 물속에서도 살 수 있는 소위 '수륙 양용' 생물이다. 그들은 사는 동안 몇 번의 형태적인 변화를 겪는데, 이를 '변태'라고 한다. 암컷 개구리나 두꺼비가 알을 낳고 나면, 그 알은 수컷에 의해 수정된 다음 올챙이로 부화한다. 올챙이는 물속에서 살며, 겉아가미와 긴 꼬리를 가지고 있다. 두세 달 동안 올챙이의 몸은 일련의 변화를 겪는데, 먼저 겉아가미에 뚜껑이 생기면서 몸속으로 들어와 폐로 바뀐다. 그런 다음 다리가 생기고 꼬리는 몸 안으로 들어가 버린다. 이런 변태 과정을 거친 후 비로소 어린 양서류는 물을 떠날 준비를 갖춘다. 변태가 끝난 성체 개구리와 두꺼비는 주로 땅에서 산다.

핵 이식을 시도하다

브리그스와 킹이 한 실험은 세 부분으로 나뉜다. 우선 수정되지 않은 난자에서 핵을 제거하고 동시에 수정된 배아에서 핵을 꺼냈다. 그런 다음 배아에서 꺼낸 핵을 핵이 제거된 난자에 주입했다. 그들은 이런 과정을 거쳐 배아의 핵을 주입한 세포가 분열을 시작하는지 관찰하고 싶었다. 이렇게 배아의 핵이 주입된 세포를 핵 이식(핵 치환) 난자 또는 재조합난자라 하고, 복제배아라고도 부른다. 브리그스와 킹은 이 세포가 정상적인 생식을 통해 생성된 배아에서 성장하는 개구리와 똑같은 개구리로 성장할 것이라고 믿었다.

브리그스와 킹은 수정된 개구리 알(배아) 1개를 채집했다. 그들은 알을 둘러싸고 있는 젤리 층을 작은 가위로 자른 다음, 알 속에 있는 핵을 주사기로 빨아들였다. 즉, 채취한 배아를 구성하고 있는 할구를 모두 분리한 후 할구로부터 핵을 제거하기 위해, 할구의 지름보다 훨씬 작은 특수한 유리 피펫을 만들었다.

로버트 브리그스는 미국 북부의 연못에 흔한 표범개구리의 알을 사용했다.

이 개구리 배아는 길어지면서 올챙이의 모습을 보이기 시작하고 있다.

그들은 이 피펫으로 핵이 있는 부분의 세포질을 부드럽게 빨아들여 핵을 흡입한 후, 비슷한 방법으로 핵을 제거한 수정하지 않은 난자의 세포질에 주입했다.

핵 이식에 최초로 성공하다

처음에는 미세조작이 서투르거나 기질이 배아의 핵을 주입한 재조합난자가 계속 죽어 실험에 실패하곤 했다. 그렇지만 그들은 끊임없이 실험을 계속해서 드디어 미세조작 후 살아남아 성장하는 복제 배아를 생성하는 데 성공했다. 실험실은 온통 흥

핵 이식
핵을 제거한 난자에 공여 세포에서 빼낸 핵을 넣는 과정

분에 휩싸였고, 다른 과학자들도 그 배아를 보러 실험실에 일부러 오기도 했다. 그런데 큰 불행이 닥쳤다. 실험실을 방문한 과학자 한 명이 집게로 잘못 눌러 애써 만든 복제 배아를 터뜨려 버렸다. 그러나 그들은 실망하지 않고 꾸준히 실험을 계속하여 몇 주 후에는 다시 생존한 재조합난자를 만들게 되었다. 브리그스와 킹은 총 197개의 난자에 배아의 핵을 옮겼다. 이 가운데 104개의 복제 배아가 자라기 시작했고, 그중 35개가 제대로 성장했으며, 27개는 올챙이가 되었다.

이는 **핵 이식**이 성공한 최초의 순간으로 역사에 남게 되었고, 전 세계의 과학자들은 이 기술을 배우기 위해 브리그스의 실험실을 방문했다. 몇 가지 기술적인 교정이 이루어지긴 했지만, 지금도 브리그스와 킹이 제안한 핵 이식 기술은 복제 동물의 생산에 활용되고 있다. 브리그스 연구진이 해낸 실험은 유전 정보 전달에 대한 수많은 논란을 끝내는 결정적 증거를 제시했고 복제 기술에 큰 발전을 가져온 대단한 업적이었다.

과학사에 남은 말

"우리는 과학자들과 일반인으로부터 상당한 호응을 얻었다. 사람들은 경이롭다고 생각했다. 우리는 어떤 세포라도 복제할 수 있다고 생각했다."
– 1997년 지나 콜라타가 쓴 《복제》에서 토머스 킹이 한 말

성체 세포에서 새로운 개체를 생산하다

1952년에 브리그스와 킹이 한 실험에는 초기 발달 단계의 배아 핵이 사용되었다. 그 후 두 사람은 더 발달(분화)된 세포를 가지고 핵 치환을 시도했지만, 세포가 분화할수록 배아가 복제된 재조합난자를 생산하기는 더욱더 어려워졌다. 그렇다면 분화가 진행되는 핵은 더는 복제될 수 없도록 DNA가 변한 걸까?

이와 같은 사실의 진위를 가리기 위해 영국 옥스퍼드대학교의 존 거던 교수는 좀 더 진보된 실험을 했다. 그는 아프리카발톱개구리를 실험 대상으로 삼았다. 이 개구리는 성장 속도가 빨라 연구자들이 복제의 성패를 금방 확인할 수 있기 때문이었다.

1962년 거던은 다 성장한 개구리의 장에 있는 세포의 핵을 채취하여 브리그스와 킹이 했던 실험을 반복하여 수행했다. 여러 번 실험한 끝에 그는 복제에 성공했다. 그는 개구리 알에 성

아프리카발톱개구리는 아프리카의 개울이나 호수에서 볼 수 있는 개구리인데, 오랫동안 실험동물로 쓰여 왔다.

체 세포의 핵을 넣어 올챙이를 생산했다. 이는 유전 정보가 사라지거나 바뀌지 않는다는 것을 과학적으로 명백히 증명한 쾌거였다. 만약 유전 정보가 변했다면 새로운 세포는 올챙이로 발달할 수 없었을 것이다. 거던은 성체 세포가 새로운 개체로 발달하는 데 필요한 모든 유전 물질을 가지고 있다고 결론지었다.

생물 복제의 성공에 대해 대중 매체는 어떻게 반응했을까?

대부분의 대중 매체는 브리그스, 킹 및 거던의 연구 결과를 대단히 높게 평가했다. 이 시기는 미국 우주 비행사 닐 암스트롱이 달에 첫 발을 내딛는 등 과학에서 수많은 진보가 이루어진 시기였다. 사람들은 과학이 인간 모두에게 더 나은 삶을 보장할 거라고 생각했다. 그러나 1980~1990년대에 이루어진 복제 과학의 연구 성과는 복제 기술이 정말 인류 발전에 기여할 것인지 아니면 재앙을 초래할지에 대해 모든 사람이 생각하게 만들었고, 학자들 간에 심각한 논쟁이 일어나는 계기가 되었다.

재조합난자 생산의 성공률이 낮은 이유는 무엇일까?

거던의 재조합난자 생산 성공률은 굉장히 낮았다. 핵 치환을 100번 해도 고작 두 번 성공할 뿐이었다. 거던은 성체 세포에서 빼내어 난자에 넣을 때 핵이 손상되어 성공률이 낮아진다고 짐작했다. 또한 배아의 핵을 주입한 재조합난자(복제 배아)에서 발생한 올챙이는 개구리가 되었지만, 성체 세포의 핵을 주입한 복제 배아는 올챙이로 성장한 후 개구리로 변태되지 못했다. 그러나 올챙이가 개구리로 발달하지 못하는 데는 당시에 아무도 몰랐던 더욱 복잡하고 해결하기 어려운 문제가 있었다.

그 무렵 다른 과학자들도 거던이 제안한 방법으로 생쥐를 복제하려고 시도했지만, 그들 역시 성체 세포에서 빼낸 핵으로 만

존 거던이 연구 결과를 발표하자 과학계는 엄청난 흥분에 휩싸였다. 그러나 거던의 연구가 갖고 있는 결점을 찾아내려는 사람들도 있었다.

든 재조합난자를 쥐로 자라게 하는 데 실패했다. 복제 실험의 중요한 장벽에 부딪힌 것이다. 아무래도 성체 세포의 핵은 배아가 정상적으로 성장하는 데 필요한 모든 유전 정보를 갖고 있지 않는 것 같았다. 나중에 과학자들은 유전 정보 자체의 문제보다, 유전 정보가 정상적으로 작동할 수 있는 환경이 중요하다는 것을 깨달았다. 그러고 나서 과학자들은 핵을 난자에 주입할 때뿐 아니라, 성체 세포에서 핵을 빼내는 과정에도 주의를 기울이기 시작했다.

포유류 복제를 향한 도전

1970년대 후반까지도 과학자들은 포유동물의 복제가 가능할지 궁금하게 여기고 있었다. 개구리와 생쥐를 가지고 수천 번이나 복제 실험을 했지만 대부분 실패했다. 성체 세포의 핵을 이용한 복제에 성공한 사람도 없었다.

자궁
여성의 복강 안에 있는 생식 기관으로 이곳에서 태아가 자라고 발달한다.

성체 세포의 핵으로 복제 동물을 생산할 수 있을까?

1979년 독일 과학자 카를 일멘제는 생쥐 세 마리를 복제했다고 발표했다. 그의 연구 결과는 국제적으로 언론의 주목을 받았다. 일멘제는 브리그스와 킹의 실험 방법과 비슷한 방법을 썼다. 그는 생쥐의 배아를 채취해서 할구를 분리한 다음, 분리한 할구 하나에서 핵을 채취해서 핵을 제거한 성숙난자에 이식했다고 발표했다. 그는 이 방법으로 발생이 가능한 복제 배아 세 개를 확보했다. 배아들은 암컷의 **자궁**에 이식되어 정상적인 새끼 생쥐로 자랐다. 이들이 바로 성체 세포의 핵으로 생산된 최초의 복제 동물이었다.

이 결과는 모든 신문의 헤드라인에 실렸고, 일멘제는 세계

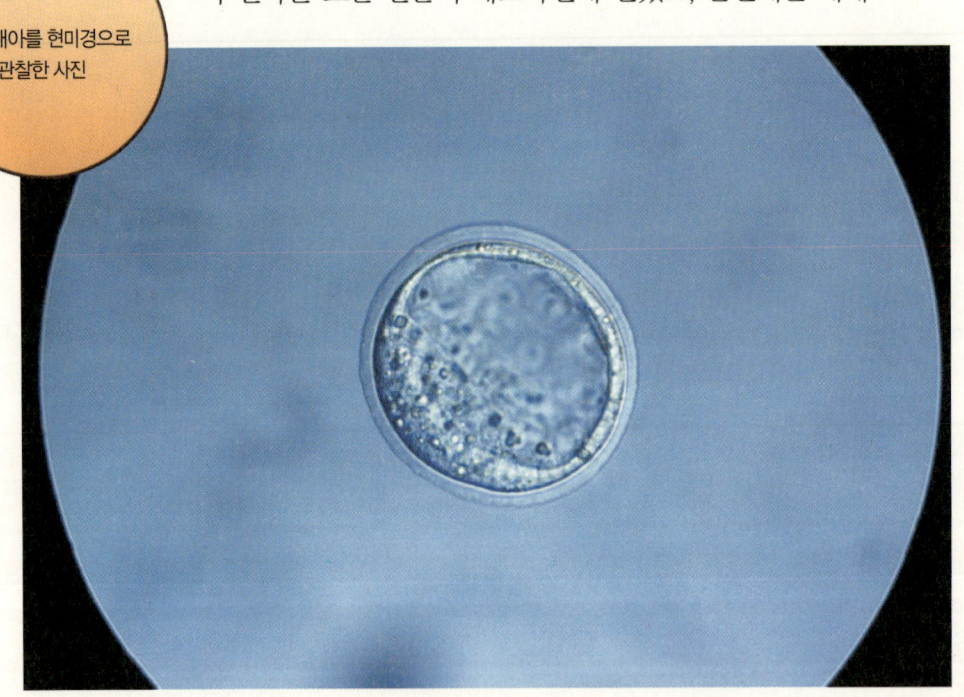

쥐의 배아를 현미경으로 관찰한 사진

를 돌아다니며 강연을 했다. 그러나 이러한 흥분이 가라앉은 후 과학자들은 일멘제의 연구 결과를 좀 더 자세히 살펴볼 수 있는 기회를 가졌다. 놀랍게도 어느 누구도 일멘제가 복제 생쥐를 생산하는 것을 보지 못했다는 사실을 알아차리게 되었다. 많은 조사 과정을 거쳐 그의 실험은 과학적 오류가 있다는 것이 밝혀졌으며, 일멘제도 날짜와 과정을 기록할 때 실수가 있었음을 인정했다. 이후 그의 명성은 바닥으로 떨어졌다.

　1983년 데버 솔터와 제임스 맥그래스가 일멘제의 실험을 다시 시도했다. 그들은 핵 이식 방법으로 쥐를 복제하려 했다. 여러 번 실패한 끝에 그들은 일멘제가 말한 기술로는 포유류의 복제가 불가능하다고 결론지었다.

　솔터와 맥그래스는 일멘제의 기술이 복제로 연결되지 않았음을 증명했고, 이를 통해 사람들은 생물체의 복제가 대단히 어렵다는 것을 다시금 인정할 수밖에 없었다. 그러나 과학적 가설은 모두 오랜 시간에 걸친 증명과 부정, 반전의 경험이 반복적으로 쌓여 정설로 발전하는 법이다. 결국 일멘제가 제안한 가상과 허위의 기술은 철저한 부정과 검증의 과정을 거쳐 다른 과학자들이 제안한 더욱 개선된 기술에 의해 실현되었다. 이 과정에서 수많은 과학적 현상과 지식을 알게 되었고, 놀라운 과학 발전을 이루

쥐는 몸집이 작아서 키우는 데 돈이 적게 들고 번식도 빠르기 때문에 실험동물로 인기가 많다.

유전공학
유전자의 합성, 변형을 연구하는 학문으로, 질병을 치료하거나 이로운 산물을 대량 생산하는 것이 목적이다.

게 되었다. 이는 인간의 지적 호기심이 기반이 된 '과학의 자체 검증 능력'이 빛을 발한 좋은 예이다.

생명공학이 태동하다

복제 연구는 일멘제 사건 이후 많은 비판을 받았고, 복제 과학에 대한 연구비 지원도 중단되고 말았다. 복제 연구의 단점을 극복하기 위해 많은 과학자는 복제 기술 대신 좀 더 미세한 차원에서 생물의 기능을 조절하려는 시도를 하게 되었다. 즉, 핵과 세포질, 난자, 배아를 구성하는 DNA 및 유전자의 기능을 조절하는 것으로 연구 목표를 잡게 되었고, 이에 대한 활발한 연구 활동은 **유전공학**이라는 새로운 학문으로 발전하게 되었다.

유전공학이란 유전자를 조작하여 생물체의 기능, 형태를 바꾸거나 복제하는 일련의 기술을 말한다. 유전공학의 기반이 되는 과학적 이론은 생물체에서 일어나는 모든 반응을 지배하는 생물체 중심 이론이다. 생물체 중심 이론(central dogma)이란 DNA가 가지고 있는 유전 정보가 **전사**(transcription) 과정을 통해 **RNA**(ribonucleic acid)라는 또 다른 유전 물질을 합성하여 전송된다는 사실과, 유전 정보를 포함한 RNA가 단백질을 합성하는 기반[RNA에서 단백질을 만드는 일련의 생물학적 반응을 해석(translation) 과정이라 함]이 된다는 이론이다. 이 이론은 왓슨과 클릭의 DNA 구조의 해석으로부터 제안되어 빠르게 그 현상이 입증되었다. 유전공학은 1970년대에 이루어진 **유전자 제한효소** 및 **역전사효소**의 발굴로 급격하게 발전하였다. 즉, 과학자들은 생명을 유지하기 위해 일어나는 모든 반응을 인위적으로 조절(적어도 변경)할 수 있게 된 것이다.

1980년부터 2000년까지 유전자의 기능이나 구조를 조작하는 수많은 유전공학 기술이 개발되었다. 유전공학 기술을 이용하여 동식물 유래의 식품 생산량을 비약적으로 증가시켜 인류가 당면하고 있는 식량 문제를 해결하려는 시도, 생물의 유전형질을 변형하여 질병 치료에 필요한 의약품을 대량 생산하는 기술, 그리고 유전 질환 방지를 위해 유전자의 기능을 조절·변형하는 이른바 유전자 치료 기술 등 놀라운 기술이 차례차례 제안되었고, 그중 일부는 우리의 생활로 성큼 다가왔다.

유전공학 기술의 발전으로 기존의 학문 분야인 농학, 의학, 생물학, 수의학뿐 아니라 물리학 및 공학의 첨단지식 간 융합이 촉진되어 새로운 기술들이 지금 이 순간에도 속속 제안되고 있다. 또한 일련의 기술 개발 연구는 더 넓은 의미의, 또 다른 신학문인 '생명공학'이 태동하는 계기가 되었다. 즉, 유전자-세포-조직-**기관**의 기능과 구조의 연구를 통해 생물체의 기능을 해석하는 '생명과학'은 복제 과학과 유선공학을 기반으로 인류 복지 증진에 기여하기 위해 생물체의 기능을 활용하는 생명공학으로 발전하게 되었다. 즉, 생명과학은 기초 학문, 생명공학은 응용 학문의 성격이 강하다.

유전자 제한효소
유전자의 구조를 바꾸는 효소로 유전자의 특정 부위를 자르는 기능을 가지고 있다.

역전사효소
일반적으로 DNA의 구조로부터 RNA의 구조가 결정되는데 역전사효소를 이용하면 RNA로부터 DNA를 합성할 수 있다.

기관
심장이나 간처럼 각기 다른 조직을 구성하는 신체의 일부분

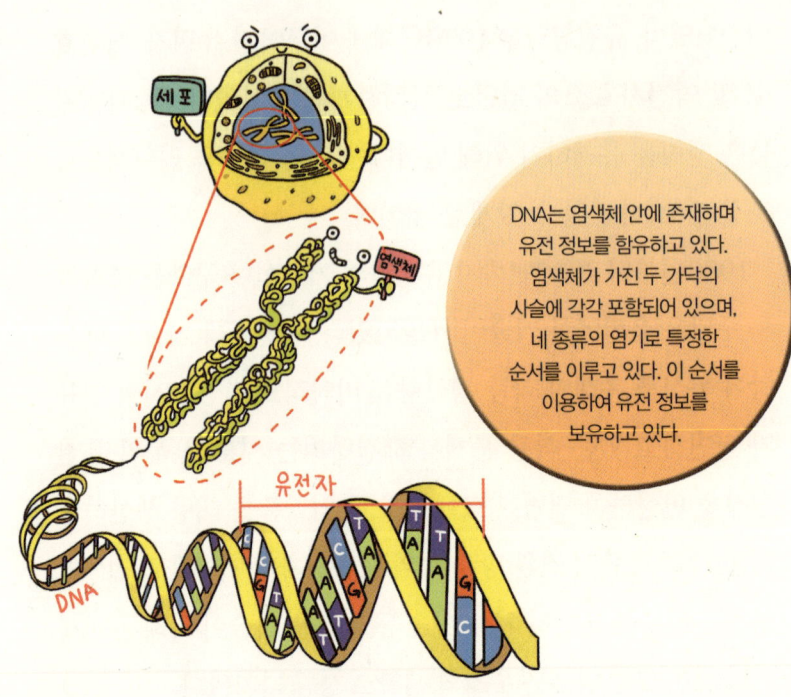

DNA는 염색체 안에 존재하며 유전 정보를 함유하고 있다. 염색체가 가진 두 가닥의 사슬에 각각 포함되어 있으며, 네 종류의 염기로 특정한 순서를 이루고 있다. 이 순서를 이용하여 유전 정보를 보유하고 있다.

과학 논문이란 무엇인가?

과학자들은 연구 결과를 논문 형태로 과학 잡지에 발표한다. 논문에는 실험의 취지와 연구 계획 및 방법, 연구 재료 및 기법, 결과, 그리고 결과에 대한 해석 등이 순차적으로 기술되어 있다. 논문을 읽는 과학자들은 논문에 기술된 것과 동일한 방법으로 실험해서 동일한 결과가 나오는지를 검증해 볼 수 있다. 과학자들이 새로 발견한 사실은 계속 검증되면서 하나의 '지식'이 된다. 솔터와 맥그래스가 일멘제를 반박했던 것처럼, 같은 실험 방법을 사용해서 원래의 논문과 다른 결과를 얻을 수도 있다. 이런 경우 새로운 사실을 발견한 연구 활동으로 인정되어 기존의 논문보다 훨씬 더 뛰어난 가치를 지닌 것으로 인정받기도 한다.

과학 윤리는 왜 중요할까?

과학은 모르는 사실을 알아내려는 인간의 무한한 호기심에서 시작되었으며, 인간이 가진 기본적인 권리로 인정되어 연구 활동의 자유가 지금까지 소중하게 지켜져 왔다. 그러나 현대에 이르러 과학은 경제적 이익을 창출하는 수단으로 활용되고, 우리 삶에 큰 영향을 미치고 있다. 특히 생명공학은 인간 개개인이 가진 유전 정보를 보호하는 문제, 생명을 소중히 다루는 문제 등과 관련해 주목을 받게 되었다. 따라서 급격하게 연구 활동이 증가하였고, 이에 대한 특허 및 재산권 등 경제적 이권도 개입되어 복잡한 관계를 형성하게 되었다.

그런데 과학자들은 생명공학 분야의 연구 활동에서 필연적으로 살아 있는 생명체를 이용해야 한다. 여기서 연구 목적의 생명체 사용에 대한 아무런 규정이 없음을 우려하는 목소리가 높아졌다. 인간의 존엄성을 훼손하고 동물의 복지를 간과하며 호기심을 충족하고 경제적 이득을 취한다는 비판도 제기되기 시작했다. 1930년대에 미국 앨라배마 주 터스키기에서 매독이라는 성병의 치료법을 연구하는 과정에서 인종 차별과 개인 정보 공개, 치료 회피 등을 포함한 인권 유린이 정부의 연구비 지원 하에 광범위하게 이루어진 사건이 일어났다. **터스키기 사건**이라 불리는 이 사건을 포함한 몇 가지 어처구니없는 사건을 거치면서 이런 비판들은 규범적으로 발전하여 '과학 윤리'로 정립되기에 이르렀다. 급기야 **헬싱키 선언** 등 인간 실험에 대한 가

터스키기 사건
1932년 미국 정부 산하 질병예방센터에서 매독의 치료법을 연구하는 과정에서 가난한 터스키기의 흑인 주민 200명을 상대로 실험을 하고 이를 은폐했다가 수십 년이 지난 뒤 밝혀진 사건이다. 이후 과학 및 윤리 규범 제정의 시금석이 되었다.

헬싱키 선언
1964년 핀란드의 수도 헬싱키에서 열린 세계의사협회에서 채택된 인체 실험에 대한 윤리 규범이다. 정식 명칭은 '사람을 대상으로 한 의학 연구에 대한 윤리적 원칙'이다.

이드라인이 만들어졌고, 동물 실험에 대한 규범이 제안되었다. 이후 동물 및 인체 실험에 대한 연구 기관의 자체 검증 능력 확보가 강조되고 있다. 연구 개발 활동에 대한 국가적인 관리도 2000년부터 세계 각국에서 이루어지기 시작했다. 현재 인간과 관련된 모든 실험은 그 실험 방법을 소속 기관에 미리 보고해서 승인을 받아야 논문으로 인정받을 수 있다. 이러한 승인 과정에서 가장 중요한 것은 실험에 참여하는 사람이 자신의 권리와 정보를 얼마나 소중하게 보호받느냐, 그리고 실험을 하는 과학자들이 실험에 참여한 사람들을 보호하기 위한 올바른 조치를 수행했느냐 하는 점이다. 동물 실험의 경우에도 생명체로서 실험 동물의 권리와 복지를 최대한 보장하는 실험 기술을 사용해야 한다. 동물 실험의 경우 일반적으로 3R 규정이 엄격하게 지켜지고 있다. 즉, 되도록 동물 실험을 피해야 하고(replacement), 어쩔 수 없이 해야 할 때는 최소한의 동물만 희생시켜야 하며(reduction), 동물의 희생과 고통을 줄이기 위해 관련 기술을 최적화(refinement)해야 한다. 21세기는 인간을 포함한 모든 생물이 과학 앞에서 동등하게 대접받는 시대가 된 것이다.

포유류 복제 경쟁이 벌어지다

몇몇 과학자는 복제에 대한 부정적인 시각과 연구비 부족을 무릅쓰고 연구를 계속했다. 1980년대 중반이 되어서야 어려운 상황을 극복할 돌파구가 생겼다. 영국과 미국의 두 연구팀이 포유류를 복제했다고 발표한 것이다. 두 팀은 각기 연구를 진행했지만 그 방법은 비슷했다. 영국의 스틴 윌러드슨이 이끄는 팀은 양의 배아에 대한 연구를 진행했다. 미국 위스콘신대학교의 닐 퍼스트가 이끄는 팀은 소의 배아에 대한 연구를 진행했다.

두 팀은 실험을 하면서 어려움을 겪고 있었는데 어느 날 〈네이처〉라는 과학 잡지에 실린 광고 하나를 보게 되었다. 전기적 자극을 이용하여 세포들을 융합하는 기계를 시판한다는 광고였다. 두 팀은 각각 이 기계를 구입하여 포유류 복제를 위한 난자의 미세조작에 활용하였는데, 바로 이 과정이 복제의 성공을 가져오는 계기가 되었다.

수많은 복제 배아를 생성시키다

윌러드슨은 복제 연구를 시작하기 전에 배아에 대한 연구를 많이 했다. 그는 배아를 두 부분으로 나눌 수 있고, 100년 전쯤 드리슈가 연구했던 것처럼 분할한 각각의 배아가 건강한 개체로 자랄 수 있음을 알게 되었다. 분할된 배아에서 발생한 새로운 개체들은 서로가 동일한 복제물이었지만, 그들이 가진 유전 정보는 부모와는 달랐다. 따라서 윌러드슨이 제안한 방법은 배아 복제 기술이라고 불렸다.

  윌러드슨은 배아가 2개로만 나뉠 때 성공률이 높고, 배아를 8개나 12개로 나누면 성공률이 현저히 떨어진다는 사실을 발견했다. 그럼에도 윌러드슨은 배아 복제를 통해 더 많은 개체를 생산하고 싶었다. 왜냐하면 그는 소, 양, 돼지 등이 더 많은 새끼를 낳도록 하는 기술을 개발하는 데 주목했기 때문이다. 그는 1개의 배아를 구성하고 있는 모든 할구를 분리하기로 결심했다. 그런 다음 핵을 제거한 난자에 각각 배아로부터 분리한 할구를 집어넣어 전기 자극을 통해 융합시켰다. 이것은 할구의 핵을 세포질 내에 주입하는 것과는 다른 방법으로, 이를 통해 하나의 배아에서 수많은 복제 배아를 생성할 수 있었다.

미세주사기(micropipette)로 양의 할구를 빨아들이고 있다. 이 세포는 핵이 제거된 양의 난자에 삽입될 것이다.

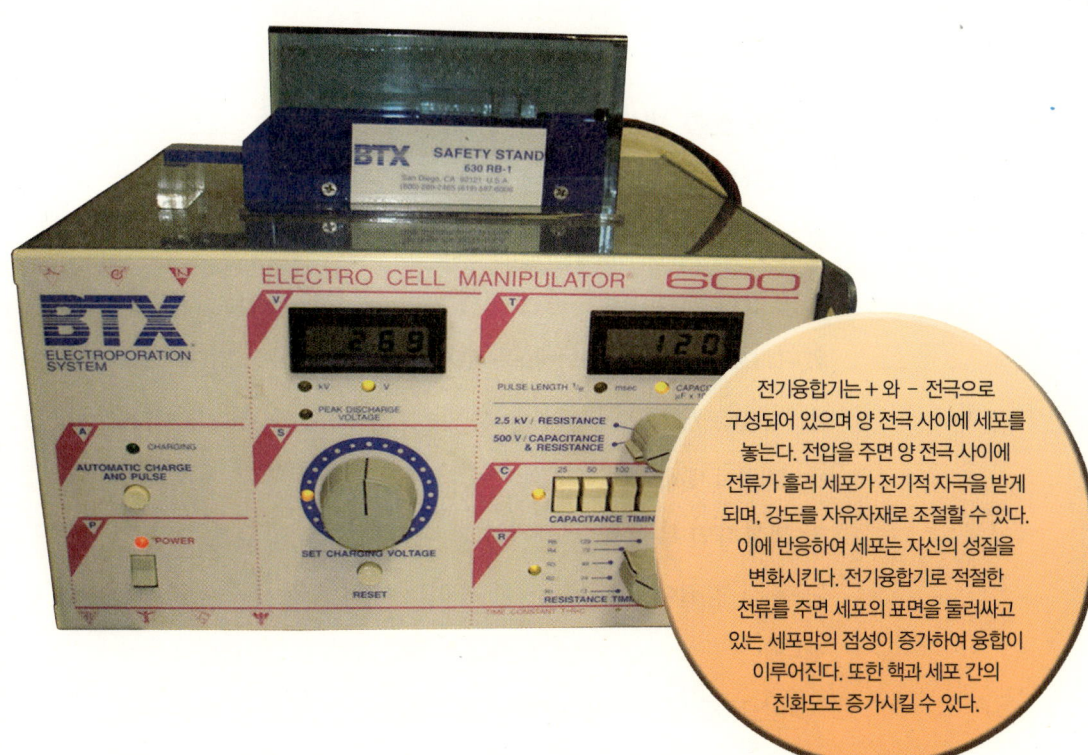

전기융합기는 + 와 - 전극으로 구성되어 있으며 양 전극 사이에 세포를 놓는다. 전압을 주면 양 전극 사이에 전류가 흘러 세포가 전기적 자극을 받게 되며, 강도를 자유자재로 조절할 수 있다. 이에 반응하여 세포는 자신의 성질을 변화시킨다. 전기융합기로 적절한 전류를 주면 세포의 표면을 둘러싸고 있는 세포막의 점성이 증가하여 융합이 이루어진다. 또한 핵과 세포 간의 친화도도 증가시킬 수 있다.

윌러드슨은 어떤 방법을 썼을까?

윌러드슨은 처음에는 일멘제가 제안한 방법을 썼지만, 이 방법의 성공률이 극히 낮아서 본인 고유의 방법을 개발하기 시작했다. 선행 연구자들은 난자의 수정이 중요하다고 믿었기 때문에 수정란을 복제에 사용했다. 그러나 윌러드슨은 아직 수정하지 않은 면양의 성숙난자를 쓰기로 결정했다. 그는 핵을 제거한 성숙난자에 배아에서 분리한 할구를 융합시켰고, 이를 위해 새로 구입한 기계로 전기 자극을 주었다. 드디어 실험이 성공했고, 그는 실험실에서 만든 복제 배아들을 배양할 수 있었다. 다음으로 윌러드슨은 그 복제 배아들을 **대리모** 양의 자궁에 이식했다. 윌러드슨이 복제 배아의 이식을 통해 발생시킨 첫 번째 양은 1984년에 무사히 태어났다.

대리모
자궁에 배아를 이식받은 암컷

인공 수정
정자가 들어 있는 정액을 인위적으로 암컷의 자궁에 넣어 주는 과정

시험관 아기
여성의 난자가 실험실의 시험관에서 수정되어 태어난 아기

복제 소를 생산하다

미국에서는 닐 퍼스트가 복제 소를 만들고 싶어 했다. 질 좋은 고기와 우유를 대량으로 생산할 수 있는 유전 형질이 뛰어난 소를 많이 복제하면 엄청난 경제적 이득을 챙길 수 있기 때문이었다. 1980년대에 들어 **인공 수정** 및 수정란 이식 기술(**시험관 아기**와 같은 개념으로 동물의 난자와 정자를 체외에서 수정시킨 후 대리모에 이식하여 새끼를 얻는 일련의 기법)이 빠르게 발전했다. 복제 배아만 생산하면 복제 소 생산에 성큼 다가갈 수 있게 된 것이다. 그는 유전 형질이 뛰어난 소 한 마리의 배아를 복제하려고 시도했다.

퍼스트도 일멘제가 제안한 것과 비슷한 방법으로 우선 생쥐 배아에서 핵 이식을 시도했다. 그러나 발생이 가능한 복제 배아를 생산하기는 대단히 어려웠고, 퍼스트의 연구진은 왜 이런 결과가 나왔는지를 이해하기 어려웠다. 윌러드슨과 비슷한 이유로 그들은 복제하려는 배아에서 분리한 할구와 핵이 제거된 난자를 전기융합기를 사용하여 융합하려 했다. 이 시도가 성공하여 그들은 복제 배아를 얻었으며, 생성된 복제 배아를 대리모 소에 이식하여 열 달 후 송아지가 태어났다.

얼마 후 다른 연구진들이 말, 돼지, 토끼, 염소를 복제해 냈다. 그러나 이러한 모든 실험에서, 이식되는 핵의 기원은 배아였다. 그들은 성체 세포 복제를 시도할 수 없었고, 그것은 복제 연구자들이 성공해야 할 과제로 남았다.

연구원이 러시아 생명자원센터에서 생산된 복제 토끼 2마리를 들고 있다.

대리모를 이용하여 복제 동물을 생산하다

많은 핵 이식 실험에서 복제 배아는 자신과 관계없는 암컷의 자궁에 이식되어 그곳에서 새로운 개체로 성장하게 된다. 이러한 기술을 모체에서 모체로의 배아 이식이라고 한다.

배아 이식 기술은 난포 자극 호르몬(follicle stimulating hormone, FSH)을 사용하여, 암컷의 발정 주기를 조절할 수 있게 된 1950년대부터 소의 번식에 사용되기 시작했다. 난포 자극 호르몬은 소의 난소에서 많은 난자가 배란되도록 유도한다. 소에게 이 호르몬을 투여한 다음에는 수정을 위해 수컷에서 채취한 정자를 인공적으로 자궁에 주입한다. 며칠 후에 자궁을 세척해서 수정에 의해 생성된 배아들을 끼낸다. 그다음 일정 기간 배양해서 배아를 발생시킨 후 현미경으로 발생 능력이 뛰어난 배아를 선택하여 한두 개를 다른 소의 자궁에 이식한다. 이때 배아를 이식받은 소를 대리모라고 한다.

1992년 미국 사우스다코타 주 출신의 두 여성이 9개월이 된 쌍둥이를 보여 주고 있다. 사진 오른쪽의 할머니는 자궁 없이 태어난 딸(사진 왼쪽)을 위해 대리모가 되었다.

일반적으로 대리모는 임신할 수 있는 동일한 종의 암컷이 이용된다. 그러나 최근 희귀 동물의 복제를 시도하는 과학자들은 가까운 종의 암컷을 대리모로 이용하고 있다(82쪽 참조).

❓ 인간 대리모란 무엇인가?

아기를 낳지 못하는 불임증의 주요 원인 중 하나는 어떤 이유에 의해 정자와 난자 간에 수정이 이루어지지 않는 것이다. 이런 불임증의 경우에는 몸 밖으로 난자와 정자를 빼내 시험관에서 수정을 시킨 후 다시 여성의 자궁에 이식하여 아기를 발육시키는 이른바 시험관 아기 기술로 치료될 수 있다. 또는 여성의 정상적인 난자를 다른 여성의 자궁에 이식한 후 배우자의 정자를 주입하여 수정을 유도할 수도 있다. 수정된 배아가 본인의 몸이 아닌 다른 여성의 자궁에서 성장하는 경우, 배아를 받아들여 키워 주는 여성을 '대리모'라 한다. 1982년 오스트레일리아에서 최초로 난자를 제공한 어머니로부터 대리모로 배아가 이식되었다. 그 후 많은 여성이 대리모가 되어 불임 부부를 위해 아기를 낳기 시작했다. 대리모로서 돈을 받는 여성들도 있고, 대리모를 희망하는 여성이 불임 친구나 가족의 아기를 가지는 데 동의하는 경우도 있다. 대리모 자신이 아기에 대해 모성애를 느껴 아기, 즉 배아의 부모와 갈등 관계를 만들 수도 있다. 또 형제나 친척의 대리모가 되었을 경우 더 복잡한 윤리적 문제가 생길 수도 있다.

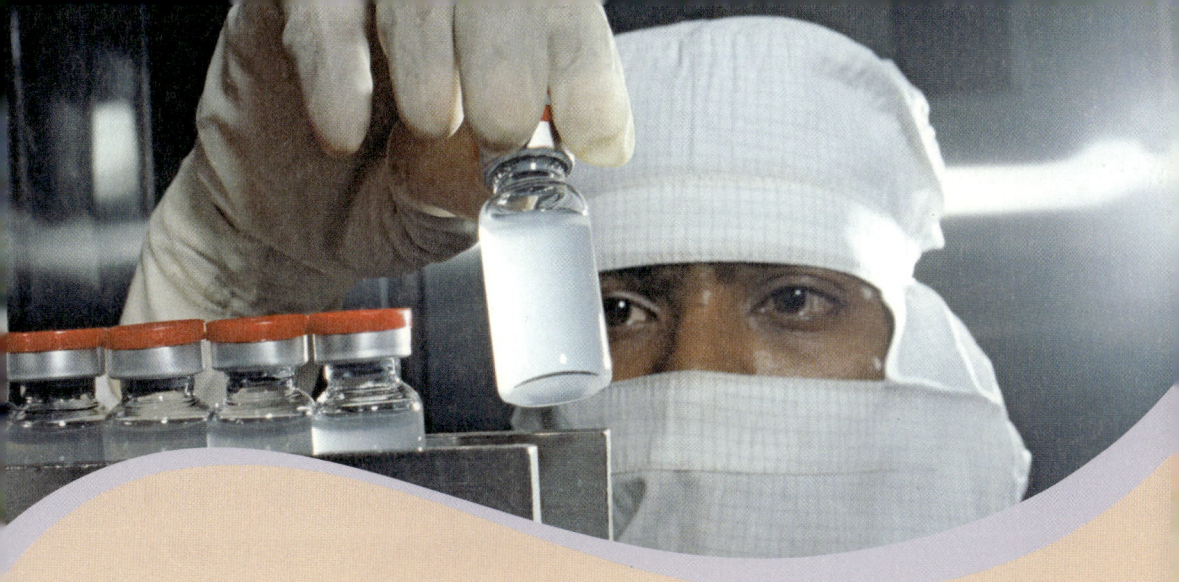

복제 양 돌리의 탄생

과학자들이 포유류 복제를 성공시키기 위해 노력하는 동안 유전공학 분야에서는 흥미로운 연구가 많이 진행되었다. 유전공학은 기본적으로 DNA의 변형을 연구하는 학문이다. 과학자들은 박테리아와 효모 DNA에 새로운 DNA를 어떻게 주입할 수 있을지를 연구했다. 이 덕분에 박테리아와 효모가 인류에게 유용한 단백질을 대량으로 생산할 수 있게 되어, 관련 기술들을 제약 분야에 활발하게 응용할 수 있게 되었다. 그러고 나서 과학자들은 양과 같은 포유류의 DNA를 유전적으로 변형하려고 시도했다.

효소
세포 내에서 화학 반응을 조절하고 가속화하는 단백질

유전공학과 복제 과학이 함께 발전하다

DNA의 구조 및 이와 연관된 RNA의 구조와 역할이 밝혀지고, 잇달아 단백질 생합성을 야기하는 DNA와 RNA의 기능이 밝혀졌다(40쪽 참조). 앞에서 설명한 생명체 중심 이론과 관련한 생물학적 기능 해석이 현대 생명공학 발전의 원동력이 되었다. 1960년대 후반부터 태동한 유전공학이 1970년대에 빠르게 발전한 이유 중 하나로 스위스 과학자 베르너 아르버의 제한효소 발견을 들 수 있다. 제한효소는 '생물학적 가위'의 기능을 하는데, 특정 DNA를 자르는 역할을 한다. 그렇지만 다른 종류의 **효소**들은 DNA의 끝부분을 붙여 주는 역할을 한다. 과학자들은 컴퓨터 프로그램에서 '자르기'와 '붙이기'를 하는 것처럼 효소들을 이용하여 외부에서 삽입하려는 DNA를 숙주의 DNA에 끼어 넣을 수 있게 되었다.

과학자들은 새로운 단백질을 만들기 위해 박테리아의 DNA를 변형시켰다. 이런 박테리아는 유전 정보가 변형되었으므로 유전자변형 박테리아라고 한다. 유전자변형의 목적은 대부

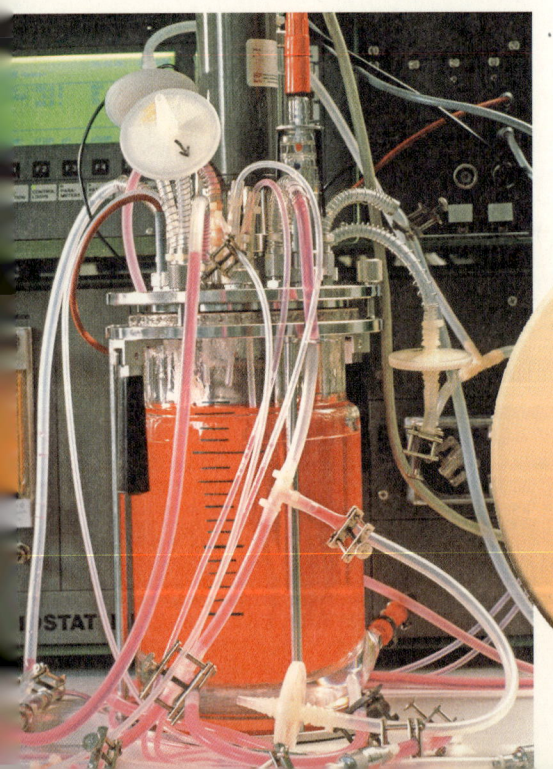

발효기는 유전자변형 박테리아를 키우는 데 사용된다. 박테리아는 사진과 같이 색깔이 있는 액체에서 키워진다. 이러한 액체를 세포배양액 또는 배지라고 하는데, 배양액에는 박테리아가 사용하는 풍부한 영양소들이 대량 들어 있다. 의약품 생산을 위해 유전자를 변형시킨 박테리아들은 배양액에 우리가 원하는 물질을 대량으로 분비할 수 있다. 사람들은 박테리아를 키운 배양액에서 원하는 물질을 추출하여 제품을 생산한다.

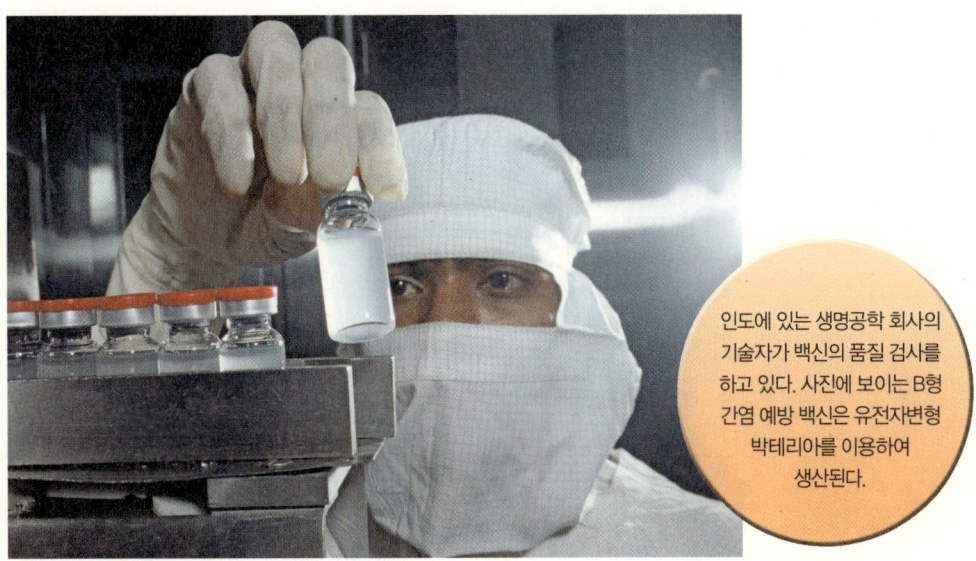

인도에 있는 생명공학 회사의 기술자가 백신의 품질 검사를 하고 있다. 사진에 보이는 B형 간염 예방 백신은 유전자변형 박테리아를 이용하여 생산된다.

분 인류에게 필요한 물질을 대량 생산하는 것이다. 대표적인 유전적 변형의 사례로 박테리아에서 사람의 인슐린을 생산하는 것을 들 수 있다. 이 단백질은 **당뇨병** 치료에 쓰이고 있고, 요즘

당뇨병
췌장이 충분한 인슐린을 만들어 내지 못해서 생기는 병

효소란 무엇인가?

효소는 단백질로 만들어진다. 일반적으로 생체 내에는 수천 가지 형태의 효소가 있는데 효소는 생체 내에서 화학반응이 일어나는 속도를 증가시킨다. 각각의 효소는 특정한 반응에만 관여한다. 예를 들어 침에는 아밀라아제라는 효소가 들어 있는데, 이 효소는 음식물 속의 탄수화물이 당으로 분해되는 속도를 증가시킨다. 체내에 존재하는 여러 가지 효소는 유전공학에 필수적이다. 이런 효소에는 DNA를 자르는 제한효소, 새로운 DNA를 만드는 DNA 중합효소, DNA를 연결시키는 DNA 연결효소 등이 있다.

에는 인슐린 주사의 가격이 싸져서 당뇨병 환자들의 경제적 부담이 많이 줄어들었다.

박테리아, 효모, 식물을 포함한 많은 종에서 다양한 유전자변형 생물체가 만들어졌다. 이러한 시도는 자연스럽게 포유류의 유전자변형 연구로 이어졌고, 그 과정에서 유전공학과 복제 과학이 함께 발전하게 되었다. 포유류의 유전자를 변형하는 목적은 인간에게 더 적합한 물질을 대량 생산하는 것이다. 실제로 유전자변형을 통해 생산된 유사 단백질의 인간에 대한 효능은 고등동물로 갈수록, 그리고 유전적으로 가까울수록 더욱 높아지기 때문이다.

만약 과학자들이 인간에 필요한 물질을 대량 생산할 수 있는 유전자변형 포유류를 생산할 수 있다면 이것은 매우 가치 있는 일이 될 것이다. 뒤이어 과학자들은 그 유전자변형 포유류로부터 새끼를 얻고 싶어 할 것이다. 하지만 과학자들이 유전자변형 동물을 자연적으로 교배시키더라도 그 후손이 새로운 능력을 물려받는다는 보장은 할 수 없다. 결국 한 생물을 기준으로 보면 유전자가 변형되어 태어난 생물은 돌연변이이기 때문에, 후손에게 그들의 유전 정보를 전달하는 능력이 부족하기 때문이다. 이러한 문제를 단번에 해결해 주는 것이 복제 기술이다. 과학자들은 경제적 가치가 높은 개체를 대량으로 복제하여 동일한 개체를 대량 생산하는 연구에 매진해 왔다.

유전자변형 양

1981년 이언 윌머트는 유전자변형 양을 만들기 위해 수정란의 핵에 외래유전자를 주입하였다. 주입한 외래유전자는 알파-1 항트립신을 생합성할 수 있는 유전자로, 주입된 유전자를 가진 양은 항트립신이 들어 있는 우유를 대량 생산할 수 있다. 항트립신은 유전성 폐질환 치료제로 사용되는 희귀한 단백질로 매우 고가이나, 동물을 이용하여 대량 생산될 수 있다면 환자의 치료비를 대폭 줄일 수 있다.

동물을 매개로 치료용 물질을 얻다

우선 윌머트는 수정란에 유전자를 넣는 방법을 알아내야 했다. 특정한 기능을 갖는 외래유전자가 초기 배아의 DNA에만 완전히 결합된다면, 배아 발생 과정에서 증식을 계속하는 할구 모두에게 전달될 수 있을 뿐 아니라, 분화 과정을 거쳐 생성된 개체의 모든 세포에 전달될 수 있을 것이다. 즉, 특정한 물질을 생산하기 위해 동물체의 몸에 존재하는 수억 개의 세포에 일일이 외래유전자를 도입할 필요가 없게 된다(실제로 이런 조작은 불가능하다).

이러한 배아를 대상으로 하는 형질 변환 기술이 확립된다면, 동물을 매개로 우리가 원하는 물질을 대량 생산할 수 있는 길이 열릴 것이다. 박테리아와는 달리 포유류는 인간과 진화 수준이 비슷해서 치료용 물질을 좀 더 용이하게 생산할 수 있다. 그리고 젖이나 오줌 등 동물체 내에서 분비되어 손쉽게 채취가 가능한 물질이 좋을 것이다. 생체 분비 물질의 합성 부위에 외래유전자가 기능을 한다면, 젖이나 오줌 등에 우리가 원하는 물질이 대량 포함될 것이다. 윌머트의 경우 우유를 생합성하는 유방의 유선세포에 외래유전자 도입을 시

오른쪽 생쥐는 성장 호르몬을 생산할 수 있도록 유전자가 변형되었다. 그 결과 일반적인 생쥐보다 두 배나 크게 자랐다. 이 기술을 활용하면 가축의 고기 생산량을 늘릴 수 있다.

도하였다.

월머트가 개발한 기술의 원리는 다음과 같다. 항트립신 합성을 자극하는 외래유전자에 유전자 전달 촉진 장치인 프로모터(promoter)를 붙였다. 이렇게 되면 외래유전자는 수정란의 숙주 DNA에 더 쉽게 결합할 수 있다. 외래유전자를 도입한 수정란이 발생에 성공한다면, 항트립신이 많이 포함된 우유를 생산할 수 있는 동물이 태어나는 것이다. 이 동물이 태어나면 원하는 유전자가 유선세포에서 제대로 활동하는지 확인하고, 생산된 유즙에서도 항트립신 존재 여부를 확인한다. 만족할 만한 결과가 나오면 항트립신을 유즙에서 분리, 정제하기만 하면 된다. 이렇듯 우리가 원하는 생리 활성 물질을 대량 생산할 수 있는 동물을 생체반응기(bioreactor)라고 한다.

월머트는 제한효소를 이용해서 사람의 DNA에서 원하는 유

어떻게 해야 생체반응기가 성공적으로 기능할까?

생체반응기가 성공적으로 기능하려면 분비 물질 합성 부위에 외래유전자가 정확히 도입되어야 하고, 분비된 물질을 쉽게 분리하여 정제할 수 있어야 한다. 지금까지 과학자들은 수많은 노력을 기울여 숙주의 DNA 부위 중 외래유전자가 결합할 수 있는 유전자 적중 기술(gene targeting)을 개발하여 외래유전자의 도입 비율을 비약적으로 증가시켰다. 원하는 물질을 효과적으로 분리, 정제하기 위해 형질 전환 동물을 대량으로 생산하거나 단백질 구성이 단순한 조류의 형질 전환을 시도하고 있다.

마블링
근육 섬유 사이에 있는 지방

전자를 추출하였다. 그는 추출한 유전자의 복사본을 여러 개 만든 다음 그 복사본을 면양의 배아 핵에 주입하였다. 그는 주입한 DNA가 세포핵에 존재하는 DNA와 결합하기를 바랐지만, 그 효율은 대단히 낮았고 대부분의 배아가 죽어 버렸다. 1,000개 중 한두 개만이 외래유전자와 결합하였다. 외래유전자와 결합한 배아들은 암컷 양의 자궁에 착상되어 어린 양으로 자라는 데 성공하였다. 그리고 항트립신이 함유된 유즙을 생산하는 양으로 자랐다.

선택 교배와 유전공학, 어떻게 다를까?

여러 세대를 거치면서 가축은 **마블링**이 많은 고급육이나 기름기 없는 고기, 그리고 대량의 우유를 생산하도록 품종이 개량되어 왔다. 유전공학을 활용하면 직접적으로 기능 조절이 필요한 세포의 DNA에 우리가 원하는 유전자를 도입할 수 있다. 즉, 단시간에 품종 개량의 효과를 거둘 수 있고, 선택 교배보다 훨씬 폭넓게 동물이 가진 특성(몸무게, 유즙 분비 능력 등의 형질)을 개선할 수 있다. 심지어 다른 품종이 가진 우수한 형질도 도입할 수 있다. 선택 교배의 경우, 아무리 형질이 우수한 부모로부터 태어난 자손이라도 조절이 불가능한 유전자의 여러 가지 반응 때문에 원하는 형질을 후손이 물려받기가 쉽지 않다. 즉, 부모 유전자에 숨어 있던 열등한 유전자가 엉뚱하게 발현될 수도 있고, 유전자 간의 상호 반응에 의해 부모의 좋은 유전자 기능이 사라질 수도 있다. 더 큰 문제는 이런 현상을 전혀 예측할 수 없다는 것이다. 유전공학을 이용할 경우 이런 단점이 많이 개선되지만, 도입하려는 유전자가 숙주 유전자와 결합 효율이 낮을 수도 있고 다른 종에서 도입된 DNA가 원래 유전자와 조화를 이루지 못할 수도 있다.

실험 방법을 개선하다

윌머트는 유전자변형 양을 생산하는 데는 성공했지만 여전히 성공률은 매우 낮았다. 그래서 그는 다른 방법을 개발하기로 했다.

그는 배아로부터 할구를 분리하여 실험실에서 대량 배양했다. 그리고 하나하나의 세포에 DNA를 넣는 대신 할구에 전기 자극을 주어 외래유전자를 할구 DNA에 도입하였다. 전기 자극을 적절한 강도로 주면 할구 세포막에 아주 작은 구멍이 생겨 외래유전자가 세포질과 핵 안으로 더 쉽게 들어갈 수 있다. 일정 시간이 지난 후 윌머트는 할구에 외래유전자가 들어갔는지 확인했고, 외래유전자가 성공적으로 도입된 할구를 핵이 제거

이언 윌머트 교수가 스코틀랜드 로슬린연구소 실험실에 있는 모습이다.

된 성숙난자에 이식했다.

처음에는 수정한 지 며칠 지나지 않은 배아의 할구를 썼기 때문에 오랜 기간 배양할 수는 없었다. 1987년에 윌머트는 수정 후 9일 정도 자란 배아에서 분리한 할구를 사용하기로 결정했다. 이윽고 그는 이 세포를 배양하고 복제할 수 있는 가능성을 발견했다.

세포주기에 맞춰 배아를 만들어 내다

윌머트는 복제를 위해 발생생물학자인 키스 캠벨과 함께 연구하기로 결정했다. 캠벨은 세포가 분열할 때 DNA가 활동하는 방식에 대해 계속 연구해 왔다. 생체 내의 세포는 살아 있는 동안 성장과 분열, 그리고 수명이 다한 세포가 죽는 과정을 주기적으로 반복하는데 이것을 '세포주기(cell cycle)'라고 한다. 이 과정은 몇 시간, 며칠 또는 몇 년 동안 지속될 수도 있다. 세포주기를 시작하기 위해 세포는 새로운 단백질을 합성하거나 다른 물질들을 공급받는다. 그리고 모든 DNA는 특정 시기에 평소의 두 배로 복제된다. 그 후 세포는 다른 성장주기에 돌입하여 에너지를 축적한다. 이렇게 해서 분열을 위한 DNA와 물질들이 준비된 후 비로소 세포는 2개로 나뉜다.

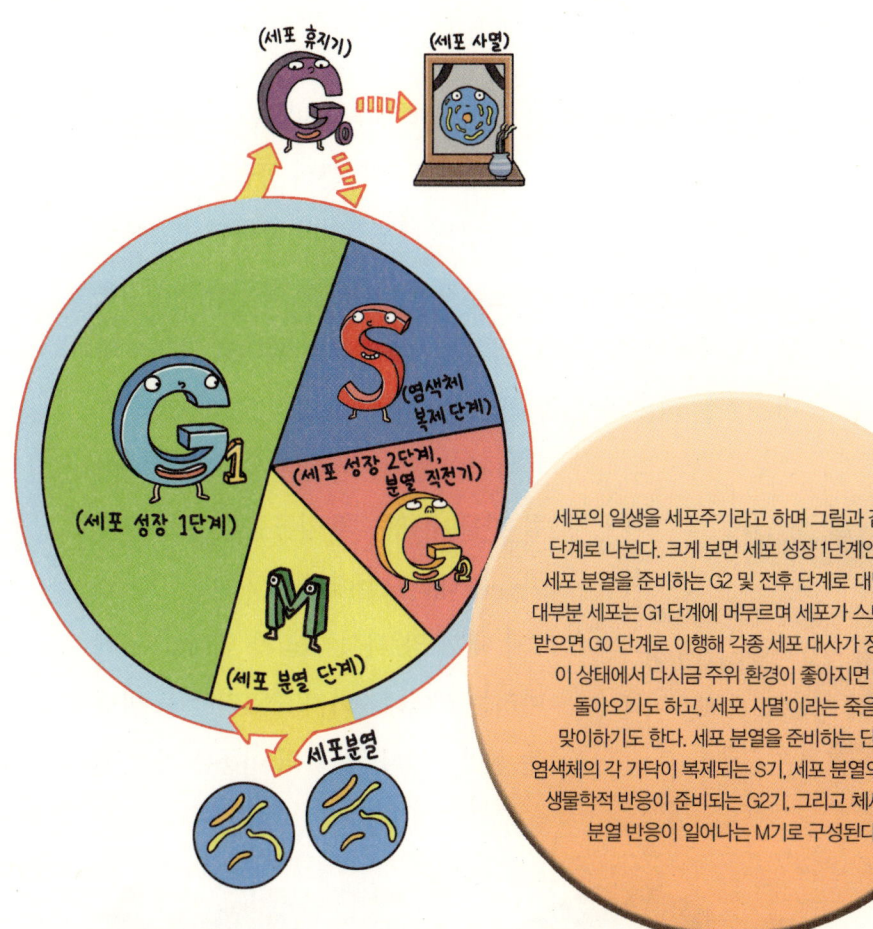

세포의 일생을 세포주기라고 하며 그림과 같이 4단계로 나뉜다. 크게 보면 세포 성장 1단계인 G1과 세포 분열을 준비하는 G2 및 전후 단계로 대별된다. 대부분 세포는 G1 단계에 머무르며 세포가 스트레스를 받으면 G0 단계로 이행해 각종 세포 대사가 정지된다. 이 상태에서 다시금 주위 환경이 좋아지면 G0로 돌아오기도 하고, '세포 사멸'이라는 죽음을 맞이하기도 한다. 세포 분열을 준비하는 단계는 염색체의 각 가닥이 복제되는 S기, 세포 분열의 다양한 생물학적 반응이 준비되는 G2기, 그리고 체세포 및 분열 반응이 일어나는 M기로 구성된다.

 그때까지 대부분의 연구자는 세포핵을 넣거나 제거할 때 세포주기에 별로 신경을 쓰지 않았다. 그러나 캠벨은 이식할 핵과 세포질의 세포주기 궁합이 안 맞으면 문제가 될 거라고 생각했다. 여기에서 말한 '궁합'이란 핵과 세포질의 세포주기가 동일한 것일 수도 있고, 서로 다른 주기라도 이식된 세포핵이 기능하기에 가장 좋은 환경에 노출되는 것 모두를 의미한다. 핵을 체세포에서 회수하기 전 캠벨은 세포가 죽지 않은 상태로 성장과 분열을 멈추고 휴지기에 들도록 영양분의 공급을 최소화했다. 일정 시간이 지난 후 캠벨은 세포주기가 중단된 세포에서 핵을 회수하여 핵이 제거된 난자에 이식했다. 이 간단한 생각은 들어맞았지만, 윌머트와 캠벨이 세포주기를 제대로 멈추는 방법을 찾는 데는 장장 8년의 시간이 걸렸다.

마침내 윌머트와 캠벨은 14개의 배아를 만들어 내는 데 성공했다. 그들은 배아들을 대리모들에게 이식했다. 1995년 7월 새끼 양 다섯 마리가 태어났다. 세 마리는 태어나자마자 죽었지만, 두 마리는 살아남았다. 두 양의 이름은 각각 메

> **놀라운 과학 세상!**
>
> 스코틀랜드에서는 양이 매우 싸기 때문에 윌머트는 소 대신 양을 가지고 연구하기로 결정했다. 그는 소 한 마리 가격으로 양 100마리를 살 수 있었다.

처음으로 복제된 양인 메건과 모랙은 1995년에 태어났다. 그러나 닐 퍼스트가 이미 1987년에 배아 할구를 이용하여 소를 복제하는 데 성공했기 때문에 윌머트와 캠벨의 업적은 많은 관심을 끌지는 못했다.

건, 모랙이라고 지어졌다. 이것은 중요한 돌파구였다. 실험실에서 여러 달 동안 배양한 배아의 할구를 복제한 동물이 최초로 탄생한 것이다.

복제 동물 생산을 위해 리프로그래밍을 도입하다

메건과 모랙을 탄생시킨 데서 자신감을 얻은 윌머트와 캠벨은 한 걸음 더 나아가 포유류의 성체세포 복제를 시도하기로 했다. 일멘제가 벌인 소동 이후 성체세포를 이용한 복제 시도는 성공하지 못했다. 성체세포는 이미 분화가 끝나 세포의 운명이 결정되었기 때문에 배아의 할구같이 다른 세포로 분화하는 데 필요한 유전자들의 기능이 정지되어 있다. 따라서 성체세포가 복제되려면 기능이 정지된 발생과 분화 관련 유전자들이 다시 활성화되어야 한다고 그들은 생각했다. 두 과학자는 복제 동물을 탄생시키기 위해 성체세포가 가지고 있는 모든 유전자의 기능을 다시 설정하였다. 이를 리프로그래밍(reprogramming)이라고 하는데, 이렇게 되면 성체세포로서의 특성이 지워지고 자신이 처한 환경에 맞게 다시금 유전자의 가동 정지가 결정될 거라 생각했다. 리프로그래밍을 위해 성체세포를 최소한의 영양소만 들어 있는 배양액으로 키워 '반기아 상태(세포가 G0 상태에 돌입한)'를 만들었다. 이렇게 되면 세포주기가 거의 정지되는데 이 상태에서 핵을 회수하여 성숙한 난자에 이식했다. 그렇게 되면 소위 '배고픔에 지친' 핵은 자신이 분화가 다 된 세포라는 것을 잊어버리고 전기 자극에 의해 난자 세포질과 융합한 후 난자와 정자로부터 새롭게 생성된 배아의 핵 역할을 할 것으로 기대되었다. 이식된 핵이 리프로그래밍된 후 발생하는 과정은 일반적인 수정 과정과 유사하지만, 배우자 없이 발생해 버린다. 놀랍게도 하등동물에서 발견되는 처녀생식(무성생식)이 인위적으로 포유류에서 일어나게 되는 것이다 (20쪽 참조).

일반 수정과 체세포 복제에 의한 발생은 어떻게 다를까?

인간을 예로 들면, 우리 몸의 모든 세포는 23종류의 염색체를 보유하고 있고, 각 염색체는 두 가닥으로 구성되어 있다. 반면 난자나 정자는 같은 23종류의 염색체가 존재하지만 각각의 염색체가 한 가닥만으로 이루어져 있다. 일반적인 수정의 경우 염색체 수가 절반인 정자와 난자가 결합하면서 난자와 정자에서 염색체 가닥이 한 가닥씩 추가되어 성체세포와 같은 23종류의 염색체 구조를 가지게 되며 각각의 염색체는 두 가닥 구조를 가진다. 즉, 아빠와 엄마로부터 절반씩 유래한 유전 정보를 가지게 되는 것이다. 그런데 체세포를 복제한 경우는 염색체 수의 변화 없이 발생과 분화에 필요한 유전자들이 활성화되어 버린다. 즉, 일반 수정은 염색체가 혼합되고 수가 증가한 후 증식과 분화가 이루어지나, 체세포 복제는 염색체 변화 없이 증식과 분화가 진행되는 것이다. 즉, 체세포를 제공한 개체와 유전 정보를 동일하게 가지게 된다.

복제 양 돌리를 생산하다

　많은 시도 끝에 윌머트와 캠벨은 역사상 전무후무한 업적을 이루었다. 체세포를 복제한 고등생명체인 복제 양 돌리를 생산한 것이다. 돌리를 만들기 위해 그들은 핀 도싯 종의 양으로부터 유방세포를 분리하여 그 핵을 이용했다. 돌리의 엄마는 하얀색 얼굴을 가졌고 여섯 살이었다. 윌머트와 캠벨의 연구진은 유방세포의 핵을 핵이 제거된 성숙난자에 주입하였다. 성숙난자는 얼굴이 까만 스코틀랜드산 블랙페이스 품종의 암컷 양으로부터 회수하였다. 핵 이식이 끝난 후 미세한 전기 자극이 가해져 이식된 핵과 성숙난자의 세포질이 융합되었다. 전기 자극은 핵-세포질의 융합 외에 세포 내의 칼슘 농도를 증가시키거나 세포주기 관련 물질의 조합을 새롭게 하여 세포의 분열을 촉진하는 작용도 한다.

　윌머트와 캠벨의 연구진은 세포를 융합한 후 이 세포가 배아로 발달할 수 있는지를 확인해야만 했다. 그들은 체세포 핵 이식 난자를 실험실에서 6~7일 동안 배양한 후 스코틀랜드산 블랙페이스 품종의 대리모에게 이식했다. 새끼 양이 태어나기 6주 전부터 밤낮으로 연구원들이 실험실을 지키면서 암컷 양의 상태를 확인하는 등 임신 유지에 온갖 정성을 쏟았다.

　드디어 1996년 7월에 복제 양 돌리가 태어났다. 돌리는 핀 도싯 품종의 엄마처럼 하얀 얼굴을 가지고 있었다. 돌리는 세계 최초로 체세포에서 유래한, 즉 고등동물에서 무성생식으로 태

놀라운 과학 세상!

월머트와 캠벨 팀은 277번을 시도한 끝에 돌리를 만들어 냈다. 유방세포 277개로부터 배아 29개를 얻었지만 1개를 제외하고는 모두 발생 중에 죽었다.

어난 복제 동물이었다. 돌리의 탄생은 포유류도 조건만 맞춰 준다면 유방세포처럼 이미 분화가 다 된 성체세포도 다시 배아와 리프로그래밍될 수 있다는 것을 입증했다. 조금 비약해서 말하면, 어른 몸의 체세포가 다시 배아가 되어 '회춘'했다는 것인데, 유방세포(엄밀하게 말하면 유방세포의 핵)가 난자 세포질의 도움을 받아 이미 정지해 버린 발생과 성장에 필요한 모든 유전자를 재가동하여 자신을 세포가 아닌 그것도 성체로 복제했다는 것을 의미한다.

연표로 보는 과학사

1981년 이언 월머트가 유전자변형 양에 대한 연구를 시작했다.
1995년 6월 배아세포로부터 복제된 최초의 포유동물 메건과 모랙이 태어났다.
1996년 7월 체세포로 복제된 최초의 포유동물 돌리가 태어났다.
1997년 2월 돌리의 탄생이 세상에 알려졌다.

돌리가 복제 동물임을 증명하다

돌리가 태어난 후 월머트와 캠벨은 돌리가 정말로 유방세포에서 만들어진 복제 동물임을 증명할 필요가 있었다. 그들이 사

돌리는 세계에서 가장 유명한 양이다. 1997년 돌리의 탄생이 발표되었을 때 전 세계의 신문과 잡지에 돌리의 사진이 실렸다.

용한 유방세포는 자그마치 3년이나 냉동 보관된 것이었고, 그 세포를 제공한 돌리의 엄마는 이미 죽은 지 오래였다. 명확한 증거 중 하나는 돌리가 대리모가 아닌 엄마와 같은 하얀 얼굴의 핀 도싯 품종이라는 사실이었다. 유전자의 구조를 검사한 결과 그때까지 남아 있던 유방세포의 DNA와 돌리의 DNA가 일치했다.

과학자들은 돌리를 잘 보살펴 주었다. 처음 몇 년간 돌리는 먼저 태어난 메건, 모랙과 함께 살았다. 취재하러 온 기자들이 돌리에게 맛있는 음식을 많이 주었기 때문에 돌리는 계속 살이 쪘다. 나이가 조금 들자 돌리는 뒷다리에 관절염이 생겨 고생했고, 양으로서는 어린 나이인 여섯 살까지밖에 살 수 없었다. 2003년 돌리는 늙은 양이 주로 걸리는 폐렴을 앓다가 안락사

조치를 받았다.

  몇몇 과학자들은 돌리가 이미 절반 이상을 산 여섯 살짜리 양으로부터 복제되어 수명이 짧을 수밖에 없었다고 생각한다. 이런 과학자들은 돌리가 '중년의 몸으로 태어났다'고 믿는다. 만약 그들이 옳다면 복제 과정이 돌리의 수명을 단축했을 가능성이 있다.

복제 동물인지 아닌지 어떻게 구분할까?

  만약 복제되는 동물이 하얀색이고 대리모도 하얀색이면 새끼가 태어났을 때, 이 녀석들이 복제된 것인가, 아니면 대리모가 남몰래 수컷과 교미해서 태어난 것인가 알 길이 없다. 과학자들은 이런 오류를 방지하기 위해 복제를 시도하는 동물과 피부색이 다른 품종을 대리모로 이용한다. 그렇게 되면 '콩 심은 데 콩 나고 팥 심은 데 팥 나는' 멘델의 유전 법칙에 의해 태

돌리의 탄생은 이언 윌머트가 로슬린연구소에서 14년 동안 연구한 끝에 이루어졌다. 그는 현재 스코틀랜드 에든버러대학교 재생의학연구소 교수로 재직하고 있다.

사람들이 구경하러 오자 돌리는 울타리 앞쪽으로 다가와 관심을 끌려는 듯 크게 울었다.

어난 새끼가 복제 동물인지 아닌지를 쉽게 구별할 수 있다. 이 기술은 복제 동물뿐 아니라, 유전자의 특성을 변화시킨 형질 전환 동물을 생산하고 판별하는 데에도 널리 이용되고 있다.

복제는 옳은가, 그른가?

1997년 2월 22일 돌리의 탄생이 발표되자 사람들은 과학의 경이로운 발전에 열광하면서 앞으로 더 발전할 것을 기대했다. 곧이어 모든 신문은 머지않아 복제 인간이 탄생할 것이라는 기사를 헤드라인으로 장식했다. 많은 사람은 걱정하거나 두려워하기보다 고등동물의 복제가 갖는 의미를 생각했다. 일부 국가에서는 인간 복제 연구를 금지해야 한다는 주장이 나왔고, 이

유전자 감식
제한효소를 이용하여 DNA를 조각으로 자르는 과정으로, 조각이 흩어져서 방사능 마커로 표시된다.

문제가 국제연합에서 토의되기에 이르렀다.

미국 정부는 이 문제를 더 깊이 조사하고자 5년간 인간 복제 관련 연구의 정부 지원을 중단하기로 결정했다. 국제연합에서도 특별위원회가 구성되어 인간 복제 연구의 허용 여부에 대한 활발한 논의가 전개되었다. 다른 나라들도 복제 연구에 대한 가이드라인을 만들었는데 나라마다 그 정도와 범위가 조금씩 달랐다. 과학자들은 이러한 여러 가지 규제와 새로운 법이 흥미로운 발견, 특히 질병 치료를 위해 반드시 필요한 의학 연구에 지장을 줄까 염려했다. 실제로 체세포 복제와 관련된 배아줄기세포 연구 등에 대한 국가의 연구비 지원이 보류되었다가 최근에 재개되기도 했다. 미국의 경우 민주당 정권이 집권하면서 배아줄기세포 연구가 다시 시작되었고, 우리나라도 생명윤리법의 테두리 안에서 배아줄기세포의 연구를 다시 허가하기 시작했다.

? 과학자들은 돌리가 복제 동물임을 어떻게 입증했을까?

과학자들은 돌리의 DNA와 남아 있는 유방세포의 DNA를 비교하여 돌리가 진짜 복제 동물임을 입증했다. 그들은 **유전자 감식**(microsatellite finger-printing) 기술을 사용했다. 돌리의 DNA를 제한효소를 이용하여 잘게 조각내어 각각의 조각을 영상화시켜 비교했다. 마치 슈퍼마켓 상품에 붙은 바코드와 비슷한 유전 지문 영상을 얻을 수 있었는데, 유방세포와 돌리의 유전 지문을 비교한 결과 정확히 일치했다.

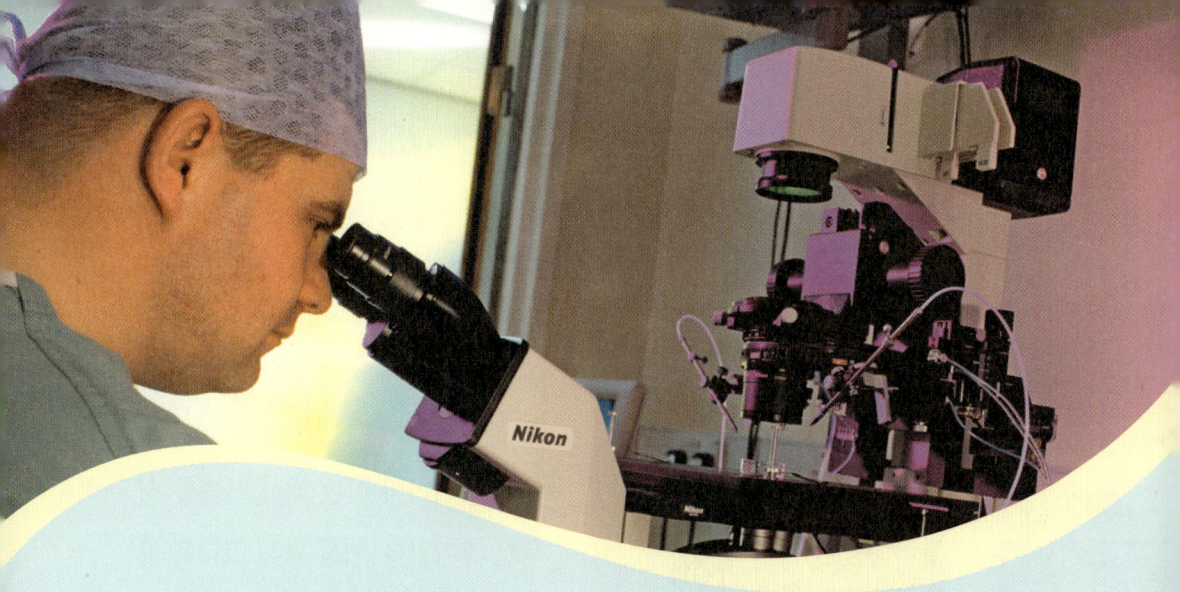

복제 기술에 의한 질병 치료

복제 기술은 난치병 치료에 매우 유용하게 쓰일 수 있기 때문에 윌머트와 캠벨의 성공은 의학 및 생명공학 분야의 과학자들을 흥분시켰다. 복제 기술이 의학적 치료에 적용되어 줄기세포를 이용한 세포 치료(손상된 조직세포를 건강한 세포로 교체하는 치료 기술)에 활용될 수 있으므로 이를 치료용 복제 기술로 부르기 시작했다. 비록 복제 기술 자체만으로는 질병 치료와 거리가 있지만, 다른 생명공학 기술과 합쳐져 융복합 기술로 발전했을 때, 질병에 대항하는 강력한 무기가 되는 것이다.

인간 배아의 복제를 시도하다

2001년, 미국 매사추세츠 주에 있는 ACT사(Advanced Cell Technologies)의 과학자들은 최초로 인간 배아를 복제했다고 발표했다. 이 회사는 복제 양 돌리 같은 개체 복제와는 거리가 있는 배아 복제를 시도한 것이었다. 이를 위해 그들은 복제 양 돌리의 방법을 활용했다. 즉, 여성의 난소에서 난자를 회수한 후 미세한 바늘을 이용하여 각 난자의 핵을 제거했다. 그러고 나서 미리 준비한 인간의 피부세포를 핵을 제거한 난자에 주입한 후 전기 자극을 통해 융합했다.

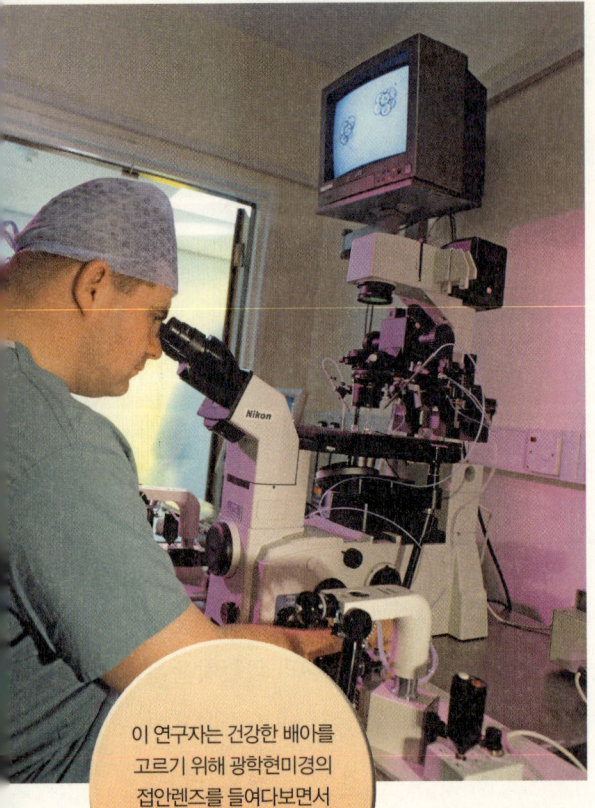

이 연구자는 건강한 배아를 고르기 위해 광학현미경의 접안렌즈를 들여다보면서 미세조작기를 사용하고 있다.

이 방법은 단지 부분적인 성공만 거둘 수 있었다. 총 8개의 핵 이식 난자 중에서 3개만 분열했고, 그중 1개만이 6세포기에 도달했다. 또한 인간의 난자를 건강한 여성 또는 환자로부터 제공받는 것은 윤리적으로 많은 절차와 승인이 필요하기 때문에 연구자들은 단지 한정된 수의 난자만을 사용할 수 있다. 이것은 치료용 복제 기술의 주된 문제로 인식되었다.

2004년과 2005년, 황우석 박사는 동일한 방법을 사용하여 생산한 체세포 복제 배아가 착상 직전 단계인 배반포까지 발생했음은 물론 이로부터 다양한 유전자형을 가진 **줄기세포**를 확립했다고 보고했다. 그러나 이 보고 중 줄기세포 확립에 대한 결과가 의문시되면서 연구원의 과실이 있었음이 밝혀졌다. 연구의 전반적인 책임을 맡고 있던 황 박사는 이에 대한 모든 책임을 졌고, 애석하게도 그때까지 복제 과학 분야에서 쌓아 온 신뢰와 명성도 퇴색되었다.

줄기세포
분열하여 혈액세포나 신경세포와 같은 특별한 세포를 형성할 수 있는 세포

미세조작기
광학현미경처럼 배아 등 미세구조를 다루기 위한 기구

미세조작기란 무엇인가?

현대적 시설의 복제 연구실에는 성능이 좋은 현미경과 미세조작기가 갖추어져 있다. 조작될 세포는 현미경 아래의 작은 접시에 놓인다. 유리로 미세하게 만든 미세도구들은 **미세조작기**의 고정대에 놓인다. 연구자는 미세도구 끝의 압력을 조절할 수 있다. 왼쪽 고정대의 도구는 난자를 고정하는 데 사용된다. 오른쪽 도구는 난자의 핵을 기증자의 핵으로 대체하거나 핵을 이식하는 데 사용된다.

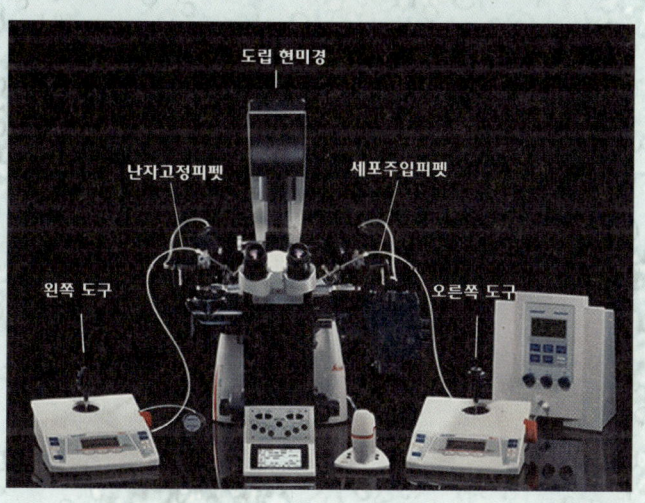

조직
근육 조직이나 간 조직처럼 같은 종류의 세포로 이루어져 함께 특별한 기능을 수행한다.

피부 이식에 복제 기술을 응용하다

최초로 치료용 복제 기술이 응용될 수 있다고 기대된 분야는 화상 치료였다. 심각한 화상으로 피부가 손실되고 피하 조직이 노출된 환자는 피부 이식이 필요하다. 건강한 신체 부위로부터 분리한 피부가 화상 부위에 노출된 피하를 덮기 위해 이용되는데, 만약 피부 공급이 여의치 않은 경우 **조직** 은행을 통해 사망한 장기 기증자의 피부를 공급받기도 한다. 이식에 사용되는 피부는 액체에 넣어 둘 수도 있고 살아 있는 상태로 약 10일 동안 체외에서 아무런 손상 없이 유지될 수도 있다. 심지어 얼릴 수도 있고 몇 달 동안 보관할 수도 있다.

그렇지만 생체에서 건강한 피부를 확보하는 것 자체가 기증

피부세포를 배양하고 있는 모습이다. 배양된 피부세포는 화상을 입은 피부 위에 놓여 피부 재생을 도울 것이다.

에 의존하는 한계가 있으므로 과학자들은 대안으로 인공피부 생산을 제시했다. 복제 기술을 이용하여 피부세포를 복제할 수 있다면 피부세포를 대량 증식하여 인공피부를 제조하는 것이 과학자들의 아이디어였다. 우선 피부세포를 복제한 다음 영양소가 풍부하게 함유된 배양액 속에 키운다. 활발하게 증식한 세포를 유기물 또는 무기물 고분자로 만들어진 얇은 망의 구조물에 부착하면 복제된 세포들이 층을 형성하며 자란다. 이렇게 해서 만들어진 인공피부가 충분하게 피부 조각으로 성장했을 때 환자의 화상 부위에 이식하는 것이다.

골수
우리 몸의 가장 큰 뼈의 중심에 존재하는 액체 같은 조직

줄기세포를 발견하다

1980년대에 과학자들은 복제 기술 및 유전공학과 결합하여 난치병 치료에 활용할 수 있는 생명공학 기술의 개발 가능성에 주목하게 되었다. 이와 관련된 줄기세포 연구가 1990년대 말에 이르러 많은 발전을 이루었다.

1953년 로이 스티븐스라는 미국 과학자가 줄기세포를 최초로 발견했다. 하지만 1963년에 어니스트 매컬럭과 제임스 틸이 **골수**에 있는 줄기세포에 대한 연구 결과를 발표하기 전까지는 줄기세포에 대해 알려진 것이 거의 없었다.

줄기세포는 우리 몸을 구성하는 모든 세포를 만들 수 있는 세포이다. 따라서 줄기세포는 전능성 세포(pluripotent cell)라고도

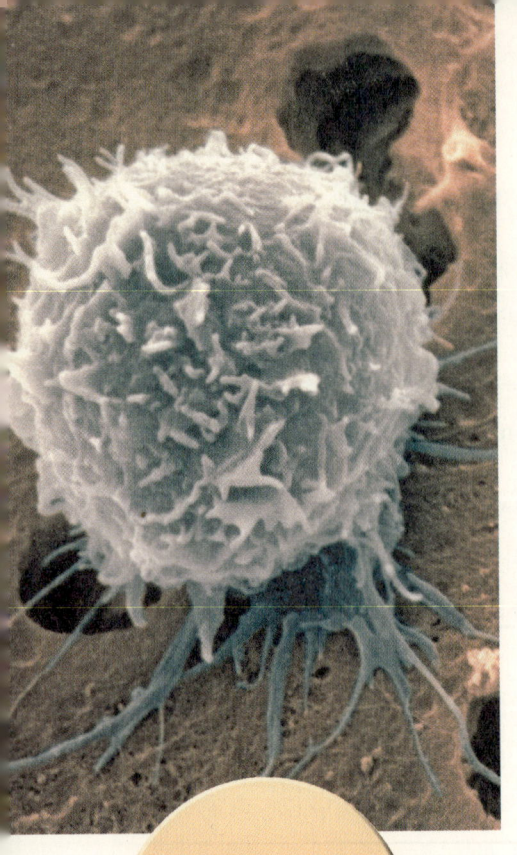

골수에 있는 이 줄기세포는 적혈구, 백혈구, 혈소판을 포함하는 모든 혈액세포를 형성하고 분열할 수 있는 능력을 가지고 있다.

한다. 배아로부터 모든 신체 조직이 발생하므로 배아 자체도 줄기세포라고 할 수 있다. 줄기세포는 유래하는 부위에 따라 크게 배아줄기세포와 성체줄기세포로 나뉜다. 배아줄기세포의 경우 수정 후 3~5일 동안 발생한 배아에서 태아로 발생하는 부분만 따로 분리해서 확립한다. 배아는 태반과 태아 모두를 형성할 수 있는 반면, 줄기세포는 태아만 형성할 수 있다는 데 차이점이 있다. 따라서 배아를 조금 다른 의미의 전능성 세포(totipotent cell, 우리말로는 차이가 없다)로 부른다.

줄기세포의 역할은 사람과 같은 고등동물을 구성하는 200종 이상의 체세포로 분화하고 증식하는 것이다. 줄기세포에서 분화한 체세포는 근육세포나 피부세포처럼 특정한 기능을 하지만, 더는 다른 세포로 변형될 수 없고 이와 관련된 유전자도 기능을 정지하고 있다. 그러나 줄기세포는 분화된 세포처럼 특정 기능을 하지는 않지만 무한하게 증식하고 분화할 수 있다. 이렇게 무한정 증식할 수 있는 자가 재생(self-renewal) 능력과 모든 세포로 분화(differentiation)할 수 있는 능력이 줄기세포가 가진 두 가지 특성이다.

줄기세포를 치료에 활용하려는 노력이 이어지다

줄기세포는 성인의 다양한 조직에서도 발견된다. 이렇게 성체에 존재하는 줄기세포를 성체줄기세포라고 한다. 성체줄기세포는 자신이 속한 피부, 골수, 장 등의 조직세포로 분화하는 것이 원칙이다. 그러나 특정한 환경에 노출되었을 때에는 전혀 다른 조직의 세포로도 분화할 수 있다. 최근까지는 성체줄기세포는 배아줄기세포처럼 모든 세포로 분화할 수는 없으며 아주 드물게 존재하기 때문에 쉽게 찾을 수 없다고 생각되었다. 그러나 성체줄기세포가 노출되는 미세한 환경을 변화시키면 전혀 다른 조직세포로 분화할 수 있다는 사실이 최근에 알려지면서 줄기세포로서의 활용 가치가 주목을 받기 시작했다. 생명과학 발전에 따른 세포 특이적 세포 표면 탐색 물질(cell surface marker) 개발이나 세포 자기 분리기(magnetic activated sorter) 및 유세포 분석기(flow cytometry) 등 좀 더 정밀한 기계의 등장은 성체줄기세포를 회수하는 효율을 비약적으로 증가시켰다. 무엇보다 배아줄기세포는 배아를 희생시키고 얻는다는 점에서 윤리적 문제 발생의 소지가 있는 반면, 성체줄기세포는 이런 문제에서도 자유롭기 때문에 더 적극적으로 치료에 활용하려는 시도가 이루어지고 있다.

배아줄기세포가 가진 윤리적 문제를 해소하기 위해 장기 조직을 제외한 우리 몸의 거의 대부분에서 쉽게 확보할 수 있는 섬유아세포를 이용하는 방법이 개발되었다. 즉, 섬유아세포가 가지고 있는 유전자 중 전능성에 관여하는 유전자 기능을 인위적으로 활성화하면 줄기세포 기능을 가지게 된다는 사실이 일본의 야마나카 신야 박사에 의해 2007년 최초로 보고되었다. 미국의 루돌프 야니쉬 박사는 이 기술을 거의 완벽하게 확립했고, 이렇게 해서 만들어진 세포를 유도만능줄기세포(induced pluripotent stem cell)라고 부르게 되었다. 이 기술 덕분에 당시 윤리적 문제 등으로 어려움에 처했던 배아줄기세포 연구는 급격히 발전하게 되었다. 그러나 유도만능줄기세포는 줄기세포로 변형하기 위해 유전자를 조작한 것이기 때문에 치료에 직접 활용하는 데는 제약이 있다. 유도만능줄기세포가 가진 단점을 보완하기 위해 과학자들은 줄기세포를 만들기 위한 유전자 조작의 수를 줄이거나, 아니면 보다 안전한 유전자를 제어하기 시작했다. 최근에는 유도만능줄기세포를 만들지 않고 분화된 세포를 유전자 제어를 통해 다른 기능을 가진 세포로 바꾸는 직접리프로그래밍법(direct reprogramming)이 제안되어 활발하게 연구되고 있다.

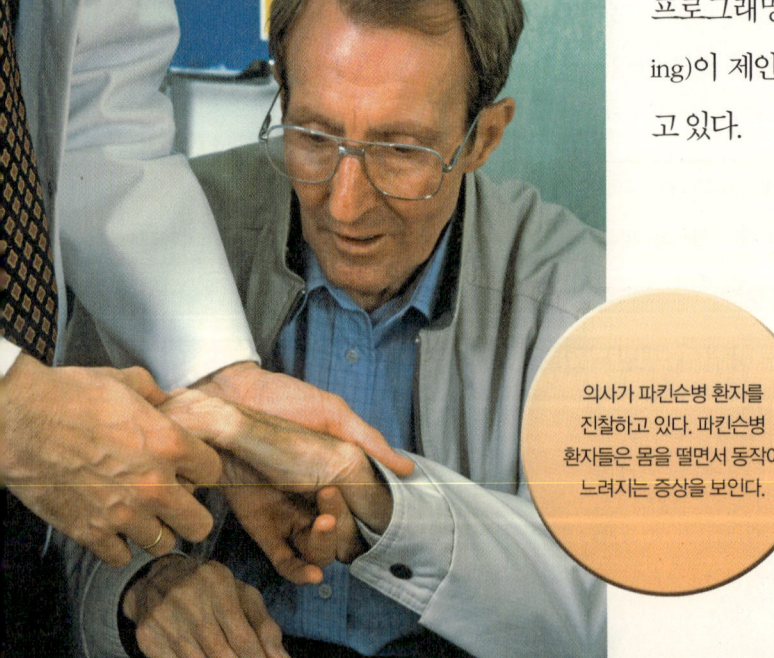

의사가 파킨슨병 환자를 진찰하고 있다. 파킨슨병 환자들은 몸을 떨면서 동작이 느려지는 증상을 보인다.

재생의학에 남은 과제는 무엇인가?

줄기세포는 혈액암의 일종인 백혈병과 파킨슨병, 당뇨병 같은 질병을 치료하는 데 사용될 수 있다. 1998년 미국의 제임스 톰슨 연구팀과 존 기어하트 연구팀이 실험실에서 줄기세포를 배양하는 데 성공했다. 줄기세포를 대량 증식시킨 후 치료에 필요한 세포로 분화시키고, 그런 다음 손상된 조직에 이식을 하여 결과적으로 환자의 병든 세포를 교체할 수 있게 되었다. 이런 기술을 세포 대체 치료술(cell replacement therapy) 또는 간단히 세포 치료(cell therapy)라 하고, 관련 치료 기술을 개발하는 학문 분야를 재생의학(regenerative medicine)이라고 한다.

재생의학 발달에는 큰 과제가 남아 있다. 바로 면역 **거부** 반

거부
신체를 방어하는 기능을 가진 백혈구나 면역 세포들이 이식된 장기나 조직을 공격할 때 일어나는 반응

복제 기술로 거부 반응을 어떻게 극복할까?

복제 기술은 거부 반응을 피하는 데 이용될 수 있다. 이 아이디어는 환자 자신의 체세포를 핵을 제거한 성숙난자에 이식하여 복제 배아를 생성함으로써 실현된다. 이 배아가 정상적으로 자라면 이로부터 줄기세포를 분리할 수 있다. 확립된 줄기세포는 장기간 냉동 보존할 수도 있고 실험실에서 오랜 기간 자랄 수 있으므로, 체세포를 제공한 환자의 치료를 위해 특정 세포로 분화시켜 이식할 수 있을 것이다. 아니면 줄기세포 상태 그대로 특정 조직에 이식하여 정상 세포로 분화를 유도할 수도 있을 것이다. 어떤 경우든 줄기세포는 체세포를 제공한 환자와 같은 유전형을 가지기 때문에 이식하더라도 거부 반응을 일으키지 않을 것이다.

응이라는 우리 몸의 기본적인 보호 기능이다. 우리 몸을 지켜 주는 백혈구를 포함한 면역 세포는 외부에서 들어온 것은 무엇이든 이물질로 인식하고 공격한다. 따라서 아무리 줄기세포를 분화시켜 치료용 세포를 생산하더라도 면역 반응을 제어하지 못하면 성공적인 이식 치료는 기대할 수 없다. 거부 반응을 막는 방법은 면역 반응을 억제하는 약물을 이식 전후에 투여하거나, 이식한 세포를 '내 몸'이라고 인식시키는 방법밖에 없다. 과학자들은 환자의 체세포를 핵 이식 기술로 복제하여 복제 배아로부터 줄기세포를 확보한다면 이러한 문제를 극복할 수 있을 거라고 기대하게 되었다. 이 과정에서 확립된 줄기세포를 환자 맞춤형(patient-specific), 면역 특이적(immune-specific) 또는 자가(autologous) 줄기세포라고 한다.

영화 〈아일랜드〉 이야기

몇 년 전 복제 인간을 소재로 한 〈아일랜드〉라는 영화가 인기리에 상영되었다. 이 영화에서는 돈 있는 사람들의 치료를 위해 만들어진 복제 인간이 특수 수용소에서 관리되고 있다. 그들이 장기 이식을 위해 희생되는 날, 관리자들은 그들이 '신에 의해 선택'된 것으로 호도한다. 그렇지만 진실을 알게 된 복제 인간들은 생존을 위해 탈출한다. 이 영화는 복제 과학이 잘못된 길로 발전했을 때 일어날 수 있는 많은 혼란을 시사하고 있다. 그러나 이 영화는 지극히 단순하게 복제 과학을 그려 냈기 때문에 과학 발전과 동떨어진 잘못된 기억을 사람들에게 심어 줄 수도 있다.

희귀 동물과 경제 동물의 복제

과학자들은 복제 기술이 지구에서
멸종 위기에 처한 종을 구해 줄 거라고 생각한다.
멸종 위기 종의 복제가 2001년에 처음으로 시도되었다.
이러한 복제 기술은 앞으로 지구 환경을 보존하고
생태계를 유지하는 데 크게 이바지할 것이며,
생태계 복원을 위한 커다란 학문 분야로 발전할 것이다.

이종 간 복제가 가능함이 증명되다

ACT 사의 과학자들은 인도물소를 복제하는 데 성공했다. 인도물소는 아주 희귀한 야생 소이다. 이 연구진은 인도물소 수컷의 피부세포를 사육되는 암소의 핵을 제거한 난자에 집어넣었다. 이렇게 만들어진 인도물소 체세포 복제 배아를 일정 기간 체외에서 성장시킨 후 대리모에게 이식한 결과 8마리의 암소가 임신이 되었지만, 인도물소는 1마리만 태어났다. 과학자들은 그 인도물소를 '노아'라고 불렀다. 안타깝게도 노아는 생후 48시간 후에 자연사했다. 그렇지만 노아의 탄생은 서로 다른 종, 즉 이종(異種) 간의 복제 기술(interspe cies cloning)이 가능하며 멸종 위기에 처한 동물의 보존에 사용될 수 있음을 증명했다. ACT 사의 과학자들은 이 실험을 다시 진행하지 않았고 인도물소는 더는 복제되지 않았다.

인도와 남아시아에는 약 36,000마리의 인도물소가 서식하고 있지만 사람들의 사냥으로 그 수가 계속 감소하고 있다. 게다가 숲과 대나무 지대, 초원이 없어지고 있어서 인도물소들의 생명마저 위태롭다.

복제 기술이 희귀 동물을 구할 수 있을까?

희귀한 동물의 복제는 난자와 대리모 공급을 위해 가까운 친척 관계를 갖는 종으로만 연구해야 할 것이다. 예컨대 판다는 멸종 위기에 처한 동물이지만 판다와 가까운 종(種)이 없어서 복제에 성공할 가능성은 매우 낮다.

2004년 편역자가 이끄는 연구진은 인간의 체세포를 소의 탈핵 난자에 주입하여 이종 간 체세포 핵 이식 배아를 생산했고 줄기세포 분리가 가능한 배반포까지 성장시키는 데 성공했다. 이 연구가 성공되었다면, 환자 맞춤형 배아줄기세포를 만드는 데 환자의 체세포만 필요하고, 인간의 난자를 사용하지 않아도 된다. 일련의 실험을 거쳐 소위 말하는 인간-동물 간 즉, 이종 간 복제 배아를 생성해서 배반포까지 발생시키는 데 성공했다. 그러고 나서 연구를 포기했는데, 이종 간 배아의 생존율이 동종 간 체세포 이식 배아보다 낮을 뿐 아니라 대부분의 복제 배아 염색체 수가 비정상이어서 줄기세포를 확립해도 원래의 목적대로 활용할 수 없기 때문이었다. 이렇듯 이종 간에 실시하는 체세포 핵 이식은 종 간의 친척 관계는 물론, 복제 배아의 정상성에 대해서도 완벽한 조사와 검증을 한 후 활용되어

대왕판다가 쓰촨성 워룽 자연보호구역에서 대나무를 먹고 있다.

호박
화석화된 나무 진액

야 할 것이다.

많은 영화에서 복제에 대한 내용을 다루었다. 〈쥐라기 공원〉에서는 과학자 몇몇이 **호박** 속에 있는 모기 내장에서 DNA를 뽑아냈다. 공룡이 살았던 시대의 모기는 공룡의 혈액을 섭취했을 것이다. 이 영화에서는 과학자들이 모기의 내장에서 채취한 혈액에서 공룡의 DNA를 뽑아낸 후 DNA를 재조합해서 악어의 난자에 넣었다. 공룡은 그 알로부터 부화되어 나왔다. 이 공룡 한 마리를 시작으로 과학자들은 더 많은 공룡을 복제하는 데 성공했다.

과학자들은 정말 공룡을 데려올 수 있을까?

영화 〈쥐라기 공원〉의 이야기는 비약이 심하지만, 최근의 과학 발달에 어느 정도 기반을 두고 있다. 공룡의 DNA를 재조합하거나 호박 속의 곤충에서 DNA를 뽑아내는 일은 현재 불가능하다. 하지만 미래에는 가능할지 누가 알겠는가? 실제로 일본의 연구진은 시베리아에서 동사하여 빙하 속에서 발견된 매머드 화석으로부터 체세포를 채취하여 복제 배아를 생산하려고 시도하고 있다. 현대에 다시 나타난 매머드를 사람들은 어떻게 생각할까?

슈퍼 소, 양, 말을 생산할 수 있을까?

여러 세기에 걸쳐 사람들은 가장 우수한 경제 동물을 골라 자연 교배를 시킴으로써 품종을 개량해 왔다. 이러한 선택적 교배 덕분에 오늘날의 소는 고대의 소보다 무게가 더 나가고 더 좋은

질의 고기를 제공하며 우유의 생산량도 비약적으로 증가했다. 또 하나의 좋은 예는 닭이다. 야생 암탉이 1년에 60개 정도의 달걀을 낳을 수 있는 반면, 사육되는 암탉은 달걀을 거의 매일(연간 320개 정도) 낳을 수 있다.

비육
살이 많고 기름진 고기

하지만 동물의 크기가 커질수록 자연 교배(선택적 교배)를 통한 품종 개량에는 많은 시간이 든다. 예를 들면 암소는 어느 정도 나이를 먹었을 때만 새끼를 낳을 수 있고, 그나마 한 마리만 낳는다. 게다가 농장주가 제일 좋은 형질의 가축을 교배시키더라도 그 새끼는 부모만큼 형질이 좋지 않을 수도 있다. 이러한 경우에는 번식을 위해 시간을 버린 셈이 된다. 복제 기술은 이러한 문제를 해결해 준다. 유전 형질(품종이나 계통) 또는 표현 형질(우유의 양이나 **비육**)이 우수한 동물을 완벽하게 복제할 수 있는 기회를 농장주에게 주기 때문이다. 대부분의 가축 복제는 체세포 핵 이식 기술로

현재의 암탉은 고대의 암탉과는 많이 다르다.

이루어지며, 형질이 뛰어난 개체가 체세포를 제공하게 된다. 이 과정을 통해 최상의 형질을 나타내는 가축을 대량 복제할 수 있게 된다. 따라서 체세포 이식 후의 배아 성장을 증가시키고, 핵 이식에 따르는 각종 유전적 비정상성을 예방할 수 있다면 복제 기술은 동물 산업의 생산성 향상에 크게 기여할 것이다.

조류 복제를 시도하다

복제 기술은 포유류에만 적용되는 것은 아니고, 체세포 핵 이식만 가능한 것도 아니다. 생식세포와 이종 간 이식을 이용한 조류 복제가 전혀 다른 방법으로 이루어지고 있다. 조류의 경우 알의 특성상 체세포 핵 이식을 통한 복제 배아 생산이 거의 불가능하다. 닭의 경우 핵이 잘 보이지 않고, 발생 과정의 차이에 따른 적절한 이식 시기 결정이 어려우며 포유류에서 개발된 기술을 응용하기가 쉽지 않기 때문이다. 그런데 알을 낳는 조류의 특성과 포유류와는 다른 생식세포 발생 과정은 새로운 복제 기술이 개발될 수 있는 기회를 제공했다. 즉, 다른 종의 조류에서 유래한 줄기세포를 직접 발생하고 있는 배아 혈액에 주입하면

과연 복제는 농장주들에게 이익이 될까?

조만간 복제는 더 효율적이 될 것이고, 그러면 더 많은 사람이 가축을 복제할 수 있을 것이다. 그런데 지금은 복제 비용이 너무 많이 들어서 소를 복제하더라도 고기 생산을 위해 값비싼 복제 소를 죽일 수는 없기 때문에 상업적으로는 품종 개량의 목적으로만 복제 소를 이용하고 있다. 그러나 기술 발전에 따라 복제 비용이 감소되면 목장 주인들은 우유를 많이 생산하는 젖소를 복제하여 많은 양의 우유를 생산하고, 복제 소를 도축하여 양질의 고기를 생산할 것이다. 하지만 이것도 일반 대중이 복제 동물로부터 생산된 동물성 식품의 안전성을 확인해야만 상업적으로 가능해질 것이다 (89~91쪽 참조).

배아에서 유래한 자손과 이식한 줄기세포에서 유래한 자손이 동시에 태어날 수 있다. 과학자들은 이런 동물을 생식선 또는 유전자 혼재 동물(germline chimera)이라고 부른다.

이 특성을 이용하여 재미있는 연구가 시도되었다. 서울대학교의 한재용 박사는 우리나라 고유종인 '오계'라는 까만 닭의 줄기세포를 하얀 닭의 배아 혈액에 넣은 후 병아리로 부화시켰다. 병아리가 성장한 후 교배했더니 오계인 까만 병아리와 하얀 병아리가 동시에 태어났다. 즉, 까만 닭의 줄기세포를 이식한 닭의 교배에 의해 까만 병아리와 하얀 병아리가 나온 것이다. 다음으로 까만 닭 대신 우리나라에서 점점 희귀해져 가는 야생 동물인 꿩의 줄기세포를 하얀 닭의 배아에 이식해 보았다. 그 결과 태어난 닭은 꿩의 정자를 생산했다. 이 닭의 정자를 교배에 이용했더니 꿩이 태어나 버렸다. 이 실험은 세계 최초로 이종 간 야생 조류 복제를 성공한 것으로, 멸종 위기에 있는 조류도 복제 기술을 활용해서 번식시킬 가능성이 있음을 입증했다.

단, 이종 간 줄기세포 이식에 의해 태어난 멸종 위기 종이 자연 번식에 의해 태어난 개체와 동일한지는 좀 더 연구를 진행해야 할 것이다.

비싼 복제 비용을 감당할 수 있을까?

현재 복제는 성공률이 낮아서 비효율적이다. 체세포 이식 후 생존율이 급격히 저하되는 문제, 유전적으로 숨어 있던 형질이 후대에서 발현될 수 있는 위험성, 그리고 세포질 유전자에 대한 알려지지 않은 기능처럼 산업적 응용을 위해 해결해야 할 문제점들이 있다. 현재는 15퍼센트 정도의 복제 배아만이 정상적으로 성장한다. 대략 계산해서 복제 동물 한 마리당 1억 원 정도의 돈을 기꺼이 쓸 수 있는 사람만이 가축 품평회에서 우승한 가축을 차지할 수 있다.

그럼에도 많은 농장주가 미래를 희망적으로 보고 있다. 2000년, 상업적으로 거래된 최초의 복제 암소 중 하나인 제네시스가 태어났다. 이 암소는 품평회에서 우승한 '지타'라는 홀스타인 암소에서 복제되었다. 아직은 가축을 복제할 만한 여유가 없을지 모르지만, 그들은 과학자들에

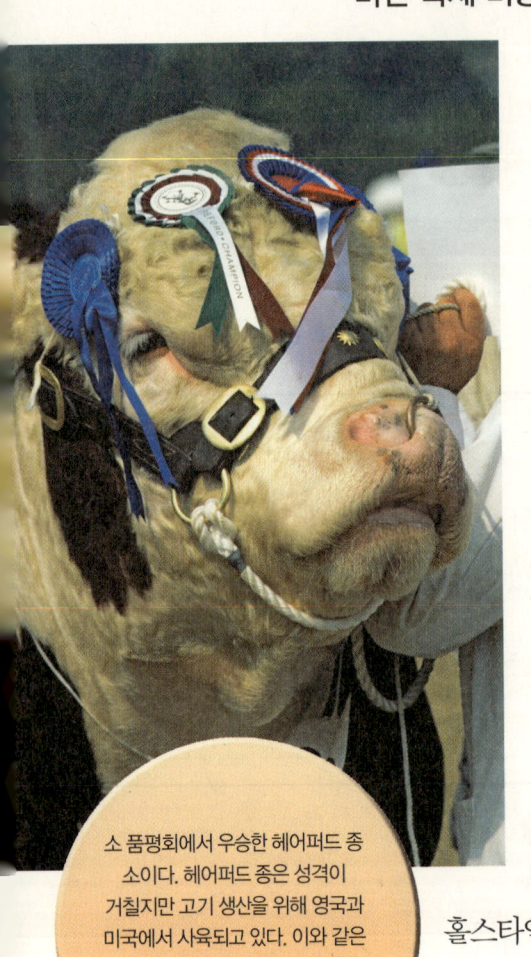

소 품평회에서 우승한 헤어퍼드 종 소이다. 헤어퍼드 종은 성격이 거칠지만 고기 생산을 위해 영국과 미국에서 사육되고 있다. 이와 같은 가축을 복제하면 농장주들이 가축 전체의 질을 향상시킬 수 있다.

게 품평회에서 우승한 가축의 샘플을 가져가라고 부탁하고 있다. 이 샘플은 다가올 미래에 사용될 가능성을 위해 보관될 것이다.

복제 동물에서 생산된 식품의 관리 문제가 중요하다

2001년 연구 프로젝트의 일환으로 미국 위스콘신 주에서 세계 최초로 복제 젖소에서 우유를 생산하기 시작했다. 이 연구는 생산되는 우유의 양에 미치는 사료의 영향을 관찰하는 것이었다. 이 젖소들은 유전적으로 동일했기 때문에 우유 생산량의 차이는 유전자의 차이 때문이 아니라 섭취하는 사료에 기인한 것이었다. 연구자들은 복제 젖소들이 생산하는 우유의 조성을 분석했다. 그들은 복제 젖소가 생산하는 우유가 다른 소가 생산하는 우유와 똑같다고 인정했다. 이 결과는 복제가 우유에 아무런 변화를 가져오지 않았음을 증명한다.

그러나 설문 조사는 사람들이 복제 젖소에서 생산된 우유를 마시는 것을 꺼린다는 것을 보여 준다. 사람들은 복제 젖소들이 비정상적일 수 있으며 그들이 생산한 우유가 해로울 수 있다는 점을 염려한다. 따라서 소비자 단체들은 복제 동물에서 생산된 우유와 육류라고 제품에 명확히 표기하기를 바란다. 이렇게 하면 소비자들은 복제 동물에서 생산된 식품을 소비할 것인지, 소비하지 않을 것인지 스스로 결정할 수 있다. 그러나 우리의 예

위스콘신 주에서 연구의 일환으로 사육되고 있는 복제 소들이다. 이 무리는 젖소 21마리로 이루어졌으며, 그중 17마리는 같은 동물로부터 복제되었다.

상보다 훨씬 빨리, 유전공학 기법으로 만들어진 식품과 원재료들이 우리 주위로 다가와 있음을 알아야 한다. 상당수의 곡류나 식물성 식품, 그리고 동물 사료가 이미 유전공학 기법으로 제조되고 있으며, 거의 모두가 안전성에 문제가 없음이 입증되었다. 앞으로는 어떻게 생산하느냐의 문제보다, 어떻게 관리하느냐의 문제가 더욱 중요한 과제가 될 것이다.

경주마도 복제될 수 있을까?

2003년에 처음으로 복제 말이 태어났다. 이 복제 말의 탄생은 많은 논란을 불러일으켰다. 여러분이 우승한 경주마를 소유하고 있는데, 이 말과 똑같은 말을 복제해서 경주에서 다시 우승할 수 있다고 상상해 보자. 지금 당장 최고의 경주마들이 교배될 수 있다. 하지만 태어난 망아지들이 그들의 부모만큼 빠를지는 현재 복제 기술이 가진 한계로 인해 아직 확인할 수 없다. 우승한 경주마가 생식력이 없을 수도 있는데, 이 경우 새끼를 가질 수 있는 유일한 방법은 복제하는 것이다. 현재 경주마의 경우 인공 수정, **수정 처리**, 복제에 대한 엄격한 법이 존재한다. 이러한 방법으로 생산된 망아지는 순종(純種) 경주마로서 등록될 수 없다.

해결해야 할 문제들로 어떤 것이 있을까?

농장주들은 복제가 동물들 간의 변이, 즉 유전적 다양성 (genetic diversity)을 감소시킬지 모른다는 점에 대해서도 우려한다. 만약 품평회에서 우승한 황소가 계속 복제된다면 이 황소는 수년간 많은 송아지의 아버지가 될 것이다. 아버지가 같으므로 이 송아지들은 모두 비슷한 유전자를 가질 것이다. 유전적 다양성은 소 떼를 건강하게 만들어 주는데, 복제는 이러한 다양성을 감소시킨다. 유전적 다양성은 보통 완전히 혈연관계가 없는 개체와 교배함으로써 유지된다. 이러한 과정은 동물들을 이롭게 할 수 있는 유전자의 새로운 조합을 만들어 낸다. 그래서 실험동물의 경우에도 번식 효율을 증가시키기 위해 '혈통을 섞어 주는 프로그램'을 운영하고 있다. 또한 농장주들은 복제된 소나 돼지가 보통의 동물만큼 건강하지 못하며 일찍 죽을 수도 있다는 것을 보여 주는 보고에 대해서도 염려하고 있다.

미국에서는 복제된 가축이 늘어남에 따라 소비자 단체들이 우려를 분명히 밝히고 있다. 현재 미국 정부는 복제 동물로 만든 식품의 판매를 금지하고 있다. 하지만 이러한 정책은 미래 어느 시점에서는 바뀔 수밖에 없을 것으로 보인다.

수정 처리
인공적으로 수정을 유도하기 위해 정자가 난자에 침입할 수 있는 수정 능력을 갖도록 화학적 처리를 하든지, 아니면 생식기관 세포와 함께 배양을 해 준다. 이것을 수정 처리라고 한다.

학문적으로는 어떤 문제가 있나?

학문적으로 또 하나의 문제가 있는데, 복제 기술이 진정한 복제를 의미하지는 않는다는 것이다. 유전자는 대부분 핵에 있지만 세포질에 있는 미토콘드리아에 상당수 존재하며, 이 조그만 세포질의 소기관에 존재하는 유전자들이 개체의 형질을 어느 정도 지배하고 있음이 밝혀졌다. 문제는 체세포 핵 이식을 할 경우 핵에 있는 유전 정보만 복제가 된다는 사실이다. 따라서 핵이 제거된 난자의 미토콘드리아에 존재하는 유전자는 핵 이식에 관계없이 유지되기 때문에, 복제된 유전자와 원래 있던 세포질 유전자의 상호 간섭 작용이 품종 개량에 문제를 일으킬 소지가 있다. 그렇지만 세포질에 존재하는 유전자의 기능이 제한적이기 때문에 큰 문제가 없을 것으로 생각하는 과학자들도 많다. 복제된 마약 탐지견의 능력에 대한 기대감과 실망감이 동시에 존재하는 것은 이런 이유 때문이다.

핵뿐만 아니라 미토콘드리아에도 유전자가 존재한다.

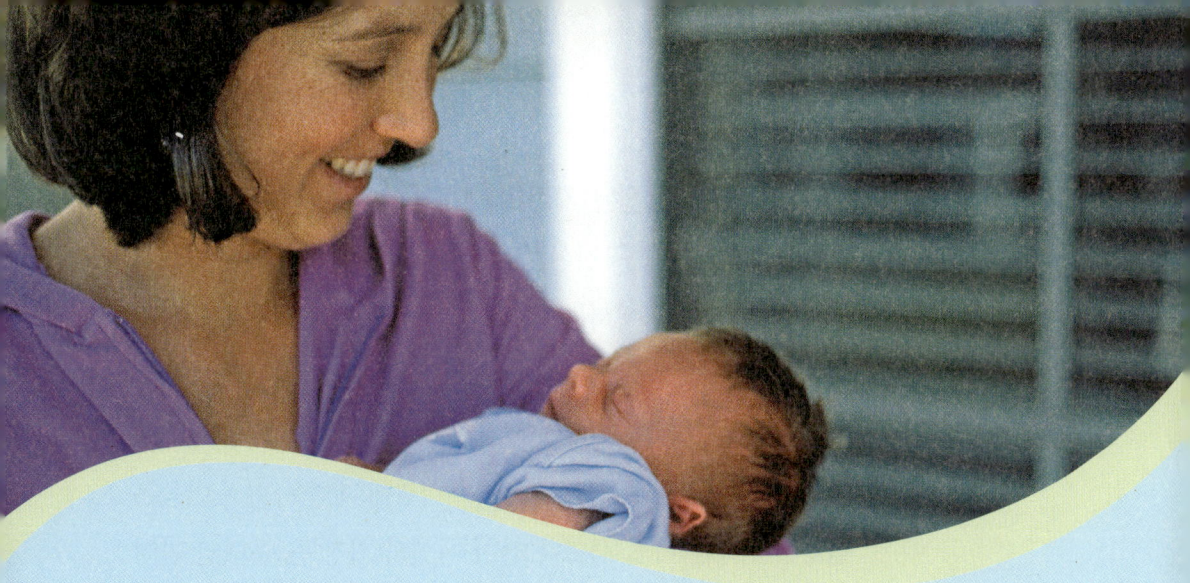

인간 체세포 복제 배아와 줄기세포

2004년 황우석 박사 연구진은 전 세계 신문의 헤드라인을 장식했다. 그들은 체세포를 이식한 인간의 복제 배아에서 줄기세포를 확립하는 데 성공했다고 발표했다. 질병을 치료할 줄기세포를 생산하기 위해 체세포를 난자에 핵 이식하여 복제한 것이다.

복제 과학의 발전은 기존의 생각을 바꾸는 계기가 되었다

황우석 박사의 연구진은 맨 처음 연구에서는 건강한 여성, 그리고 두 번째 연구에서는 난치병 환자들로부터 피부세포를 확보했고, 이 세포들을 핵을 제거한 인간 난자에 이식했다고 발표했다. 배아가 형성되고 나면 성장시켜 기존의 체외 배양 기술을 이용하여 줄기세포를 확보했다. 이 결과에 대한 사회적 반응은 엄청났다. 왜냐하면 세포나 장기 이식의 가장 큰 문제인 면역 반응을 걱정하지 않아도 되는 줄기세포가 체세포 복제를 통해 확보될 수 있기 때문이었다. 당연히 황우석 박사는 한국은 물론 전 세계에서 유명 인사로 대접받았다. 그러나 2005년 12월, 줄기세포 생성과 관련된 부분이 위조되었음이 확인되어 과학계는 충격에 휩싸였다. 이 사건은 배아에서 유래한 줄기세포를 활

기증된 난자는 어디에서 얻을까?

체세포 복제를 위한 실험이 진행되기 어려운 이유 중 하나는 기증된 난자가 부족하기 때문이다. 황우석 박사는 줄기세포 연구를 위해 난자를 기꺼이 기증하고 싶어 한 그의 연구팀원을 포함한 여성들로부터 242개의 난자를 얻었다. 인간의 난자는 호르몬 처치(98쪽 참조)로 과잉 생산된 난자를 사용하는데, 난자를 공여한 여성에게 반드시 실험 과정을 자세히 설명하고 동의를 얻어야 한다. 또한 연구 기관에서 규정한 일정의 보상을 해야 한다. 더욱이 연구원이 직접 실험에 참여할 경우, 인권 보호 차원에서의 특별한 주의와 엄격한 절차가 필요하다. 연구 책임자에 대해 연구원은 '취약자'로 분류되기 때문에 연구원의 의지와 관계 없이 실험 참여가 강요될 수 있기 때문이다.

용하여 세포 치료를 하려고 계획한 많은 연구자를 실망시켰고, 체세포 핵 이식을 대체할 새로운 기술 개발에 노력을 기울이게 했다. 이 사건은 그전까지 진행되어 오던 학문의 발전 방향조차 바꾸어 버렸다.

이즈음 다른 과학자들이 줄기세포를 얻기 위해 인간의 복제 배아 생산을 시도하고 있었다. 2005년 5월, 앨리슨 머독이 이끄는 뉴캐슬대학교 연구진은 인간 배아를 성공적으로 복제했다고 발표했다. 이것은 영국 연구진이 거둔 최초의 성과였다.

그들은 여성 11명으로부터 유전적 물질이 제거된 난자를 얻어 배아줄기세포 핵의 DNA를 이식했다. 핵 이식 후 실험실에서의 배양을 통해 3개의 복제 배아가 3일 동안 생존해서 자랐고, 또 하나의 배아는 5일 동안 살아남았다. 이 성공의 핵심적인 요소는 난자를 채취해 처리하는 데 걸린 시간이었다. 5일 동안 살아남은 난자는 15분 이내에 채취해 처리한 것이었다. 이제 줄기세포를 채취하기에 충분할 만큼 오래 살아 있을 배아를 만드는 것이 과제로 남았다. 안타까운 것은 황우석 박사나 머독 연구진의 괄목할 만한 성과가 성체에

미오드래그 스토이코비치(왼쪽) 박사와 앨리슨 머독 박사가 뉴캐슬 실험실에 있는 모습이다. 머독 박사는 몇 년 후에는 환자들이 자신의 줄기세포로 치료를 받을 수 있을 거라고 믿는다.

서 유래한 줄기세포를 활용하는 연구와 유도만능줄기세포 연구에 묻혀 발전하지 못했다는 점이다. 그렇지만 유도만능 줄기세포 또한 배아줄기세포가 가진 한계를 고스란히 가지고 있을 뿐 아니라, 유전자 조작을 통해 줄기세포를 제작하기 때문에 치료 목적으로 이용하기까지는 많은 시간과 노력이 필요하다.

몇 년이 지나고 2013년 미국 오리건주립대학의 미탈리포브 교수가 이끄는 연구진이 체세포 복제 기술을 이용하여 환자 맞춤형 줄기세포를 확립했다고 보고했다. 2005년 논란에 휩싸였던 황우석 박사 연구진이 사용한 방법과 동일한 기술로 배아줄기세포를 생산한 것으로, 우리나라에서도 관련 연구에 대한 윤리적, 과학적 동의만 얻을 수 있다면 앞으로 많은 성과를 낼 것으로 기대하고 있다. 앞으로는 배아줄기세포와 유도만능 줄기세포를 이용한 연구가 상호 경쟁과 협조 속에 치료 기술 개발을 목표로 빠르게 발전할 것으로 예상되며, 복제 기술의 중요성도 점점 더 강조될 것이다.

생식 복제가 이루어진다면 어떻게 될까?

머독이 이끄는 뉴캐슬대학교 연구진은 실험 목적이 질병을 치료할 수 있는 줄기세포를 얻는 것이었기 때문에 치료상의 복제 연구를 수행하고 있었다. 그런데 복제 기술은 불임 부부가 아이를 가지도록 돕는 데 쓰일 수 있다. 이를 생식 복제라고 한다. 기본적으로 생식 복제의 원리와 방법은 치료 복제와 같다. 단, 복제 배아가 성장한 후 아기가 자랄 여성의 자궁에 착상시키는 것이 다를 뿐이다.

여성이 건강한 난자를 생산할 수 없는 경우 임신을 위해 기증자의 난자가 사용될 수 있다. 난자에서 핵을 제거한 다음, 그 여성이나 남편으로부터 얻은 핵을 이식하면 복제 배아로 자라게 된다. 이렇게 해서 태어난 아이는 부모 중 어느 한 명의 복제물일 것이다.

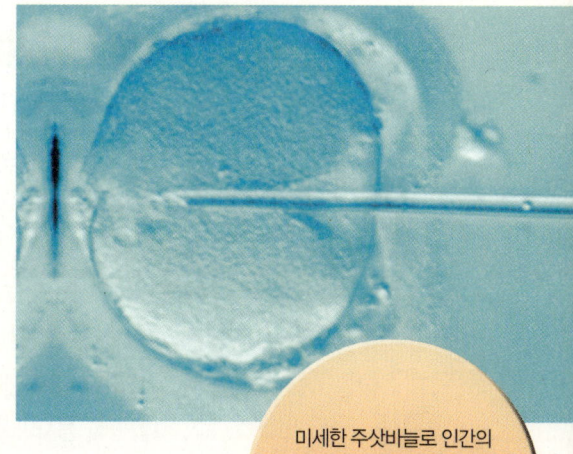

미세한 주삿바늘로 인간의 난자에 정자 하나를 넣는다. 이 체외 수정 방법은 세포질 내 정자 직접 주입술로 알려져 있다.

많은 사람이 생식 복제에 대해 대단히 우려하고 있다. 인간 복제가 많은 건강 문제를 일으킬 거라고 염려하는 사람들도 있고, 이러한 연구가 도덕적으로 잘못된(100~104쪽 참조) 것이라고 믿는 사람들도 있다.

체세포를 복제하는 기술을 이용하여 일부 종교 단체에서는 인간 복제 계획을 기자회견을 통해 알려, 전 세계를 충격에 빠뜨렸다. 그렇지만 대다수의 국가가 인간 복제를 금지하려는 강한 의지를 갖고 있고, 생식 복제 기술의 임상 적용에 엄격한 제한을 두고 있다. 국제연합도 이에 대한 입장 표명을 하고 있는 정도이다. 영화 〈아일랜드〉의 이야기가 참고될 듯하다(80쪽 참조).

복강경

현미경과 같은 기구로 끝이 긴 가느다란 대롱으로 되어 있어 복강에 조그만 구멍을 내어 복강 내로 삽입하면 내장의 모습을 볼 수 있다. 외과적 수술을 피하거나 진단의 목적으로 사용된다.

알츠하이머병

어떤 이유에 의해 신경 조직이 퇴화되어 버리는 병. 기억 상실, 학습 능력 감퇴 등을 수반하여 죽음에 이른다. 현재까지 알츠하이머병을 치료하는 약물은 개발되지 않았다.

IVF란 무엇인가?

1978년, 세계 최초로 체외 수정(in vitro fertilization, IVF)을 통해 '시험관 아기' 루이스 브라운이 영국에서 태어났다. 그 후 많은 불임 부부가 아이를 임신하기 위해 IVF 시술을 받았다. 먼저 여성은 보통보다 많은 난자를 생산하기 위해 호르몬 치료를 받는다. 난자를 채취하기 위해 아주 미세한 주삿바늘이 자궁벽을 통하거나 **복강경**을 이용해 난소로 삽입된 후 자라고 있는 난자가 바늘을 통해 흡입된다. 그리고 나서 난자는 체외의 시험관에 일정 기간 머무르는데, 이 시험관에 정자가 함께 배양되어 수정이 일어난다. 수정된 난자는 배아로 발달하고 며칠간 더 체외에서 자란다. 그다음, 배아들이 건강한지 확인한 후 두세 개의 배아를 여성의 자궁에 옮긴다. 최근에는 좀 더 발달한 배아를 1개만 이식하여 부모가 원하지 않는 쌍둥이나 세쌍둥이 임신을 피하기도 한다. 옮겨진 배아 모두가 태아로 성장할 수도 있고 모두 착상에 실패할 수도 있다. 시술 후 남은 배아와 난자는 연구 목적을 위해 기부될 수 있다.

어떤 복제 과학자들은 체세포 핵 이식이 실제로 어떻게 이루어지는지를 알아내서 줄기세포를 파킨슨병과 **알츠하이머병** 같은 질병 연구에 활용하고 싶어 한다. 황우석 박사는 연구진이 보유한 뛰어난 체세포 복제 기술을 활용하여 교통사고에 의한 척수 손상과 유전병 환자에게 희망을 주고 싶어 했다. 이언 윌머트 교수는 운동 뉴런증 치료에 체세포 핵 이식 유래 배아줄기세포를 사용하려 시도하고 있다.

건강한 복제 인간은 가능할까?

그토록 많은 사람이 인간 복제를 반대하는 이유 중 하나는 복제 생물이 건강하지 않을 거라는 걱정 때문이다. 많은 사람은 돌리가 복제 양이기 때문에 일찍 죽었다고 생각한다. 복제 소 몇몇은 태어난 후에 문제점을 가지고 있었다. 연구자들이 일찍 사망한 복제 동물의 부검을 통해 비정상적인 간, 폐, 심장, 혈관을 발견하기도 했다. 복제 동물은 허약하고 병으로 고생하다가 일찍 죽는 경우가 발견되곤 한다.

만약 연구자들이 허약하고 오래 살지 못하는 복제 아기를 생산한다면 사람들이 어떻게 반응할지 상상해 보자. 사람들은 너무 잔인하다고 생각하고, 화를 내며 무서워할 것이다. 이러한 걱정이 해결될 때까지는 사람을 복제하려고 시도하는 것 자체가 잘못된 것일지도 모른다.

어떤 과학자들은 복제 생물의 건강 문제가 주로 성체에 존재하는 체세포를 유전 물질의 공급원으로 사용하기 때문이라고 생각한다. 한 개체가 생존하는 동안 세포는 환경에 적응하기 위해 많은 노력을 하며, 이 과정에서 세포 속의 DNA에는 돌연변이라는 결함이 쌓일 수 있다. 복제 과정은 이러한 돌연변이를 깃는 유전 물질을 배아 발생에 사용함으로써 정상적인 수정에 의해 생성된 배아보다 훨씬 큰 생물학적 위험에 배아를 노출시킬 수 있다. 이는 복제 생물이 수명이 짧아지거나 **암**에 걸릴 위험이 있다는 의미일 수 있다. 어쨌건 복제 과학에서 지금 가장

암
신체의 정상적 신호의 지배를 받지 않고 제멋대로 크는 세포로 인해 생기는 병. 일반적으로 염색체 이상이며, 자신이 속한 조직의 명령을 받지 않고 다른 조직으로 이동하기 쉽다. 증식 속도가 빠르고 에너지 소비를 심하게 하기 때문에 암 조직이 생긴 장기의 기능을 정지시켜 죽음에 이르게 한다.

중요한 것은 과학 발전의 결과만큼 과정도 소중하다는 사실일지도 모른다. 최근의 연구 결과는 복제 동물의 수명은 복제 그 자체인 경우도 있고, 동물이 가진 유전적 특성에 기인할 것이라는 점을 입증하고 있다. 복제 양 돌리에서 나타났던 복제 동물의 수명 단축 현상은 일부 동물에서는 나타나지 않고 있다.

인간 복제는 왜 논란이 되고 있을까?

인간 복제는 상당한 논쟁을 불러일으켜 왔다. 어떤 사람들은 복제된 배아가 실험실에서 만들어졌기 때문에 존재할 뿐이며, 분화조차도 시작되지 않은 하나의 생명체로 인정되기 어렵다고 주장한다. 즉, 단순한 세포 덩어리이므로 이러한 세포들을 가지고 수행하는 인간 복제 연구 결과는 인정할 수 없다는 태도를 보이고 있다. 역으로, 초기 배아는 세포 덩어리이므로 줄기세포 확보 등에 사용해도 무방하다는 의견도 나오고 있다. 실제로 초기 배아의 발달로 태아 발생의 양상을 추측하는 것은 대단히 어렵다. 배아 발생과 태아 연구를 연결시키면 오히려 윤리적인 문제가 커질 수도 있다. 영국에서는 연구 목적으로 사용되는 배아는 14일 후에 없애야만 한다. 많은 사람은 14일 원칙을 지켜야 하며 치료 목적으로만 배아를 사용하는 연구는 허용해야 한다고 주장한다.

인간 배아를 사용하는 것을 전혀 원하지 않는 사람들도 있다.

그들은 생명이 수정과 함께 시작하며, 하나의 배아는 하나의 새로운 인간으로 발달할 수 있는 잠재력을 가지고 있다고 믿는다. 그들은 배아를 파괴하는 것이 사람을 죽이는 것과 같다고 생각한다. 이러한 주장은 가톨릭계에서 많이 제기되고 있다.

서울대학교 연구진은 소의 난자를 대신 사용하면 인간 난자를 기증받을 필요가 없어지는지를 알고 싶었지만, 이런 이종 간 체세포 복제는 염색체 이상을 일으킨다는 사실만 확인했다. 중국 연구자들은 토끼의 핵을 제거한 난자 세포에 인간 세포를 융합시켜 배아줄기세포를 만들었다. 그러나 그 줄기세포는 실험실에서 자라지 못했다. 이러한 연구가 성공한다면 사람들이 인간 복제에 대해 갖는 몇 가지 윤리적 우려를 해결하는 데 도움이 될 것이다. 그러나 이런 연구 자체가 생명 탄생의 법칙을 교란하고 사회적, 윤리적으로 많은 문제점을 일으킬 수도 있다. 복제 인간에 대한 가장 중요한 질문, 복제된 아기는 복제된 아빠나 엄마와 같은 과거의 기억을 가질까? 바로 여기서부터 문제가 시작될지도 모른다.

어머니가 갓 낳은 아기를 안고 있다. 만약 아기의 건강을 위태롭게 한다면 인간 복제를 더 진전시기지 못하게 하자는 데 여론이 모이고 있다.

복제 인간이 태어나면 무슨 일이 생길까?

만약 복제 인간이 태어난다면 많은 논쟁거리가 생겨날 것이다. 첫째, 그 복제 인간이 다른 누군가의 복사본이라는 점이 문제를 일으킬 것이다. 만약 원래의 사람이 유명한 운동선수거나 음악가라면 사람들은 복제 인간이 같은 재능을 갖고 같은 인생을 살아갈 거라고 생각할 것이다. 그러나 복제 인간은 주어진 사회 환경이 다르고 현재의 학문으로 이해할 수 없는 다른 요인들에 의해 영향을 받기 때문에 아마 다른 인격을 가질 것이다. 복제 인간 자신이 원본처럼 되고 싶어 하지도 않을 것이다.

둘째, 질병에 시달리는 부자들은 단지 삶을 연장하고자 자신의 복제 인간을 위해 값을 치를 것이다. 그들은 복제된 아이를 부모처럼 제대로 돌보지는 않을 것이다. 아마 자신의 치료를 위해 그 아이의 세포나 장기를 사용할 계획만 세울 것이다. 이럴 때 정말로 심각한 인명 경시와 인권 침해가 일어날 것이다. 복제 인간에 대한 유전자 검색 등으로 인류 사회가 지금까지 지켜 온 규범이 산산조각 날지도 모른다.

셋째, 복제 동물을 만들어 낸 회사는 그 복제 동물을 소유한다. 이 회사들은 복제 인간을 생산하기 위해 많은 돈을 투자했으므로 그들의 연구가 보호받기를 원한다. 따라서 회사가 복제 인간을 소유할 권리를 갖게 되지 않을까? 학문적 업적이 경제적 활동에 연결되었을 때 사회에 미치는 영향 또한 인간의 존엄성과 연결되기 때문에 간과하지 말아야 한다.

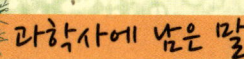
과학사에 남은 말

"괴물 같은 결과로 고통스러워할 아기 하나를 만들기 위해, 인간이 될 수 있는 배아 수백 개를 기꺼이 희생해야 할까?"
– 기독교의치과협회의 데이비드 스티븐스 박사, 1998년 크리스천 월드 뉴스

인간 복제는 금지되고 있다

많은 국가의 정부들은 인간 생식 복제를 막는 유일한 방법은 모든 형태의 인간 복제를 금지하는 것이라고 믿고 있다. 2005년 유엔 회의에서 미국은 모든 형태의 인간 복제를 금지할 것을 요구했다. 유엔 대표들은 적어도 2년 동안 이 연구 금지를 철회하기 위해 투표를 해 왔다. 유엔의 지침이 없더라도 각 나라는 원하는 대로 인간 복제를 규제하고 있다. 미국에서는 일부 주가 인간 복제 금지법을 통과시켰고, 과학자들은 인간 복제 연구에 대한 정부 지원금을 받지 못한다. 우리나라도 생명윤리법이 통과되고 수정 과정을 거치면서 적절한 복제 과학 연구 지침이 수립되고 있다. 어찌 되었건 과학자들이 복제 연구를 멈추기는 어려울 것 같다. 만약 한 나라가 복제 연구를 금지한다면 과학자들은 금지하지 않는 다른 나라로 가서 연구를 계속하면 된다. 아마도 미래의 어느 순간에는 누군가 어딘가에서 인간 복제를 성공시키지 않을까?

만약 복제 인간이 태어난다면 우리 인간의 사고와 영혼의 문

안티노리 박사와 복제 전문가들이 2001년 미국 워싱턴에서 열린 인간 복제 국제회의에 참석했다.

제(전혀 비과학적이지만 때로는 과학적일 수 있다), 그리고 인간관계 및 사회적 지위에 대혼란이 일어날 수 있음을 염두에 두어야 할 것이다. 물론 인류를 질병의 고통으로부터 벗어나게 하고 편리한 삶을 추구하려는 과학의 순수한 목적은 인정받아야겠지만, 과학 발전의 최첨단에 서 있는 과학자들도 이제 우리가 함께 숨 쉬고 있는 사회의 여러 가지 현상에, 심지어는 비과학적인 사실에도 관심을 가질 때가 된 것 같다.

과학사에 남은 말

"우리는 연구를 위해 싸우고 있고 사람들의 생식 권리를 지키고 있다. ……중략…… 나는 나의 복제물이 나의 일란성 쌍둥이이며 그는 태어날 권리를 가지고 있다고 생각한다." – 클론권리협회의 설립자 랜돌프 워커

"우리는 모두 배아였다." – 천주교주교회의

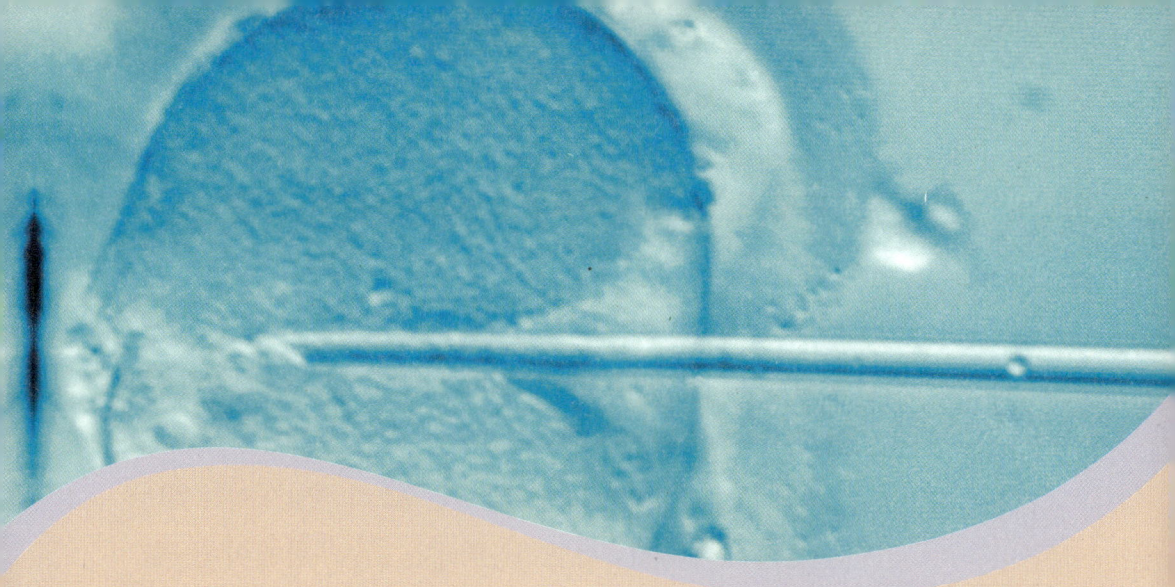

복제 과학의 출구 전략

여러 가지 문제점에도 복제 과학은 발전하고 있고 발전되어야만 한다. 현재 치료 목적의 복제 연구는 지속적으로 이루어지고 있다. 이러한 연구 가운데 일부는 의료 발전을 가져올 수 있다. 배아 발생에서 유래한 인간배아줄기세포를 대상으로 2010년부터 세포 재생을 위한 임상 시험이 승인되고 있다. 또한 복제 기술은 농업의 경쟁력 증진과 장기 이식을 위한 넓은 범위의 형질 전환(유전자변형) 동물 생산에 사용될 수 있다.

시료
시험, 검사, 분석 따위에 쓰는 물질이나 생물

복제 기술은 질병 치료에 어떻게 쓰일까?

치료 목적의 복제 연구 중에 흥미로운 분야가 운동 뉴런증(motor neurone disease, MND) 치료이다. 이 병은 근육으로 신호를 전달하는 신경세포를 공격한다. 이 신경세포에 손상을 입으면 그 사람의 근육은 점점 약해진다.

복제 양 돌리를 탄생시킨 로슬린연구소의 책임자 이언 윌머트 교수와 런던대학교의 크리스토퍼 쇼 교수가 함께 이 연구를 수행하고 있다. 이들은 MND 환자에게서 세포핵을 빼내어 핵을 제거한 인간 난자에 넣으려고 계획하고 있다. 그런 다음 생산된 복제 배아를 발달시키고, 그 배아로부터 줄기세포를 확립하여 실험실에서 키울 것이다.

그 줄기세포는 영양소가 가득한 배양액 안에서 자랄 것이다. 그들은 영양소의 양을 주의 깊게 바꾸어 줌으로써 줄기세포가 신경세포로 효과적으로 분화할 수 있기를 기대하고 있다. 그러

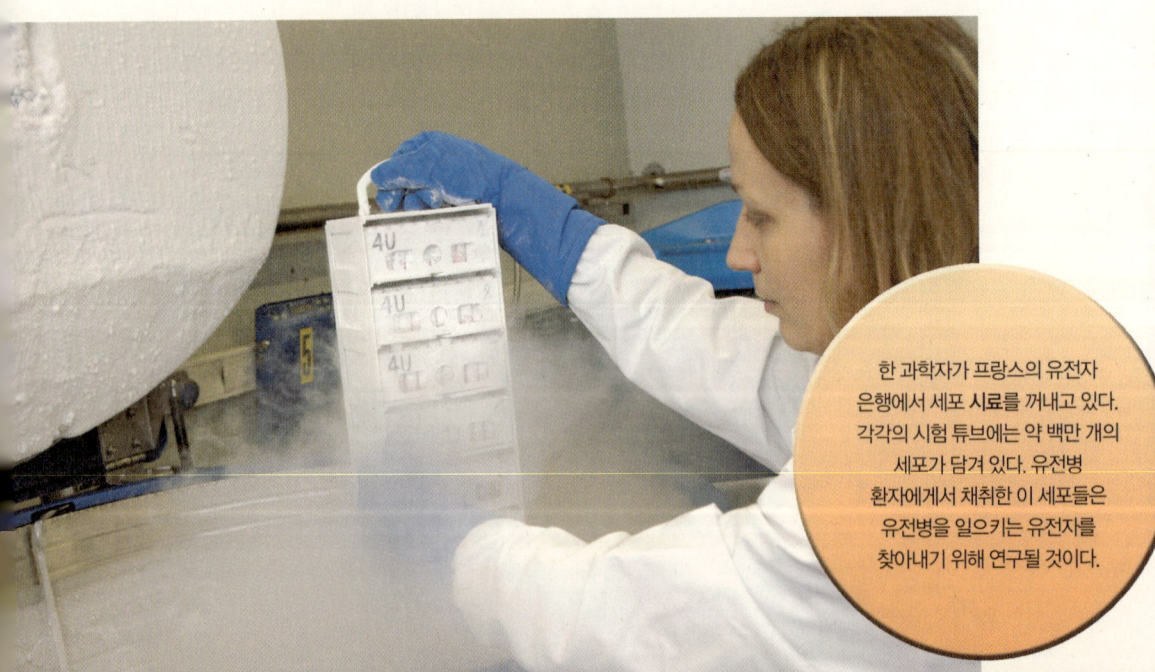

한 과학자가 프랑스의 유전자 은행에서 세포 **시료**를 꺼내고 있다. 각각의 시험 튜브에는 약 백만 개의 세포가 담겨 있다. 유전병 환자에게서 채취한 이 세포들은 유전병을 일으키는 유전자를 찾아내기 위해 연구될 것이다.

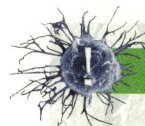
놀라운 과학 세상!

복제 연구는 몇몇 희귀 식물을 구하는 데에도 도움이 될 것이다. 브라질에 설립된 새로운 DNA 은행은 위험에 빠진 식물의 유전 물질을 보존하고 있다. 과학자들은 이 은행에 보관하기 위해 적어도 연간 1,000개의 식물 종을 수집할 계획이다. 식물의 시료는 건조시켜 DNA를 추출할 것이다. 그러고 난 후 시료는 냉동 보관될 것이다. 미래에 이 DNA는 멸종 위험에 처한 식물을 복제하는 데 사용될 수 있을 것이다. 복제된 식물은 자라서 가능하다면 야생에서 다시 정착할 것이다.

고 나서 윌머트와 쇼는 그 신경세포를 환자에게 이식하여 손상된 신경세포를 대체하게 할 것이다.

복제 배아를 활용할 계획을 세우다

외과 의사는 손상된 장기를 대체하는 매우 복잡한 이식 수술을 해낼 수 있다. 그러나 사용할 수 있는 장기는 턱없이 부족하다. 또한 이식 수술을 아주 오랫동안 기다려 온 환자들이 너무나 많다. 기증된 장기가 환자에게 적합해야 한다는 또 다른 문제도 있다.

장기 기증자가 부족하기 때문에 의사들은 돼지 같은 동물에서 얻은 장기를 사용하기를 바라고 있다. 동물의 장기는 영구적인 이식 장기라기보다는 인간 장기를 확보할 때까지 임시로 생

명 유지를 위해 쓰는 대체물로 인식되고 있다. 그러나 이식된 장기가 돼지의 것이든 다른 인간의 것이든 환자의 **면역 체계**는 이종(異種)으로 인식하고 공격할 것이다. 과학자들은 돼지의 장기가 거부되지 않도록 유전적으로 조작할 계획이다. 복제는 그다음 단계로 이식을 위한 장기를 기증할 복제 돼지들을 생산하는 데 사용될 것이다.

DNA 은행은 장차 희귀해질 브라질 열대 우림 식물을 구하는 데 도움이 될 것이다.

면역 체계
백혈구를 포함한 몸의 방어 기제로, 박테리아나 바이러스 같은 외부로부터의 유기체를 인지하고 공격한다.

복제의 과거와 현재, 미래

복제의 기원은 한스 드리슈가 최초로 성게의 배아를 분할한 1890년대까지 거슬러 올라간다. 1950년대까지 복제 실험은 과학계 밖에서는 그다지 관심을 끌지 못했다. 1980년대에 들어서면서 복제 기술이 빠르게 발전하자 사람들은 이러한 발전에 환호하면서 인류를 괴롭히고 있는 질병과 식량 문제의 근원적 해결을 기대하게 되었다. 동시에 사람들은 복제라는 말에 경악을 금치 못했고, 심지어 공상 과학 소설 속의 괴물을 연상하기도 했다. 오늘날 복제에 대한 여론은 뚜렷이 갈려 있다. 어떤 사람들은 복제 연구가 의학 발전을 가져올 수 있으므로 허용되어야 한다고 믿는다. 반면에 복제를 완전히 금지해야 한다고 주장하는 사람들도 있다.

> ## 과학사에 남은 말
>
> "연구진이 인간을 복제하려는 것은 피할 수 없는 일이다. 그러나 그들은 그 길을 따라 죽거나 죽어 가는 많은 아기를 만들 것이다."
> – 뉴욕 헤이스팅스센터 회장 토머스 머레이, 2003년 〈유에스에이 투데이〉

자연을 변화시킬 수 있을까?

복제를 좋아하지 않는 사람들은 과학자들이 실험실에서 생물을 변화시키고 있기 때문에 창조주인 '신 놀이'를 하고 있다고 비난한다. 그들은 복제를 인위적이고 부자연스러운 것이라 여긴다. 다른 사람들은 복제는 자연적으로 발생하며, 사람들이 수천 년 동안 선택적인 교배를 통해 동식물을 변화시켜 왔다

인간 복제를 둘러싼 논쟁은 미래에도 계속될 것이다. 그리고 과학의 발전으로 인간 복제가 더 쉬워질 것이므로 논쟁이 더욱 심해질 것이다.

고 주장한다. 그들은 복제도 이와 같은 방식으로 이루어지므로 해롭지 않다고 생각한다. 그들은 복제를 주의해서 활용한다면 인류를 도울 수 있을 거라고 생각한다.

복제 과학은 어떤 방향으로 발전해 갈까?

많은 불임 전문가와 종교 운동가들조차 최초로 복제 인간을 만들기 위해 경쟁하고 있다. 그러나 항상 과학적 절차를 밟는 것은 아니다. 예를 들면, 스스로를 라엘리언(Raëlian)이라고 부르는 종교 집단은 2002년 최초로 인간 복제에 성공했다고 주장해 세계적인 관심을 끌었다. 그러나 이 주장은 입증되지 않았고, 실제로 모든 전문가는 거짓이라고 여기고 있다.

논란이 이어지고 있지만, 많은 사람은 복제 기술이 20세기의 가장 중요한 과학적 발명이라고 여긴다. 많은 복제 전문가가 공헌을 인정받아 노벨상을 수상했다. 복제의 영향과 유전공학, 그리고 줄기세포 연구와 같은 관련 분야의 발전은 21세기에도 빠르게 이루어질 것이다. 많은 과학자는 복지 증진을 위해 복제 기술을 더 발전시켜 나가야 하며, 다른 생명공학 기술과 결합할 때 복제 기술이 진정한 가치를 지닐 거라고 믿고 있다.

복제 기술은 개체를 복제하기 위한 기술 개발을 통한 복제 인간의 탄생으로 인류 복지 향상에 공헌하지는 않을 것 같다. 또한 치료 복제술을 활용한 맞춤형 줄기세포 개발도 성체세포를 대상으로 하는 새로운 기술이 빠르게 발전하기 때문에 발전 상황을 조금 더 지켜보아야 할 것 같다. 그보다는 동물을 활용한 난치병 치료 물질 생산, 어렵기는 하겠지만 이종 장기 이식 기술 발달, 줄기세포를 이용한 생체 재료 생산, 그리고 생태계 보호를 위한 생물 다양성과 환경 보호 등 더 넓고 다양한 분야 발전에 공헌함으로써 21세기 이후 인류 삶의 질을 향상하는 데 기여할 것이다. 실제로 빠르게 증가하고 있는 지구 인구로 인한 식량난을 해결하고 파괴되고 있는 환경을 보호하기 위해서도 복제 과학의 활용이 꼭 필요하다.

라엘리언의 브리지트 부와셀리에 박사(왼쪽)와 라엘(오른쪽)이 인간 복제 계획을 알리기 위해 2000년 캐나다에서 기자 회견을 하고 있다.

> **과학사에 남은 말**
>
> "대부분의 인간은 세 번의 성장 단계를 거친다. 첫 번째는 공포와 혐오, 두 번째는 인내와 수용, 수동성이며, 세 번째 단계는 열정적 지지이다."
> – 인간 복제를 계획한 최초의 사람으로 잘 알려진 불임 전문가 리처드 시드 박사, 1998년 미국 CNN

복제 과학 발전에 중요한 것은 무엇인가?

일반적으로 시대의 요구에 의해 과학이 발전하지만, 때로는 과학 기술 자체가 시대를 앞서 발전하여 사회와 시대를 바꾸어 버리기도 한다. 그렇다면 인류 사회 발전을 위해 필요한 과학적 사고는 과연 무엇일까?

우리나라를 포함하여 전 세계적으로 심심치 않게 일어나는 과학 스캔들(주로 논문 조작이나 허위)을 보면 항상 그 뒤에는 성과주의 개념이 들어차 있음을 느낀다. 어떤 연구가 100퍼센트 성공할 수 있을까? 모든 과학적 사고는 가설에서 시작한다. 즉 상상력을 통한 이론을 우선 세우고 실험으로 증명하여 과학적 이론을 만드는 것이 수천 년 동안 불문율로 지켜 온 과학 규범이다. 지금까지의 연구 결과를 토대로 한다면 성공 가능성은 높아지겠지만, 과학은 상상에서 출발하기에 실패할 가능성도 많다. 그런데 과학 스캔들의 경우를 자세히 보면 가설을 반드시 입증하겠다는 지나친 의욕에서 비롯되는 경우가 거의 대부분이다.

어쩌면 과학의 발전이 경제적 이득에 연계되는 현대 사회에서는 피할 수 없는 상황일 수도 있다.

또 하나 알 수 있는 것은 전혀 엉뚱한 곳에서 문제가 일어난다는 점이다. 복제 기술은 여러 가지 면에서 시대를 바꿀 수 있는 엄청난 가치를 가진 학문이다. 돌리의 탄생은 전체 생명공학 기술의 방향을 바꾸어 놓았고, 핵 이식에 의한 체세포 복제에서 유래한 줄기세포 개발의 성공과 실패는 또 다른 분야의 발전을 자극했다. 이렇듯 복제 과학은 어떻게 활용하고 개발하느냐에 따라 사회 발전에 엄청난 가치와 위험을 창출할 수 있다. 사람들은 복제 기술의 순기능만큼 부작용도 우려한다. 어떻게 보면 과학이 사회에서 평가받으면서 사회가 가진 정화 기능이 가동될 수도 있고, 논쟁이 활발하게 되면서 복제 과학 그 자체에 대한 이해를 높일 수도 있다.

앞으로 복제 과학 발전에서 가장 중요한 요소는 세 가지일 것이다. 첫 번째는 통찰력이다. 왜 드리슈의 실험이 중요했고, 슈페만이 수행한 영원의 복제가 어떻게 이용될 수 있을지, 일멘제의 학문적 오류가 어떻게 학문 발전으로 연계될 수 있는지를 생각해 보아야 한다. 이러한 생각은 복제 기술이 인류 삶의 질 향상에 이바지할 수 있는 단초를 제공할 것이다. 과학은 실패의 역사이기 때문에 실패를 인정하고 해결 방안을 모색하며 '즐길' 수 있을 때 진정한 과학 발전이 이루어질 수 있음을 기억해야 할 것이다. 즉 실패를 두려워하지 말고 보다 창의적인 사고로 세상을 바라보아야 할 것이다.

두 번째는 절차이다. 대부분의 과학적 오류와 성과는 결국 종이 한 장 차이이고, 한 과정의 차이가 나비 효과와 같은 엄청난 결과를 초래한다. 일멘제의 오류를 윌머트가 반증하기까지 수십 년의 시간이 걸렸지만, 개념이 변화한 것이 아니라 실험 과정을 바로잡음으로써 그동안 불가능하게 여겨졌던 사실이 현실로 다가온 것이다. 과학에서 정말 중요한 것은 어떤 결과보다는 그 결과를 만들기 위해 차곡차곡 연구자들이 쌓아온 과정이라는 점을 이해해야 한다.

세 번째, 가장 중요한 점! 바로 '사람'이다. 연구의 가장 기본적인 것에 대한 관심과 관리, 그리고 과학자가 아닌 인간으로서 생각과 사고에 충실한 자세가 앞으로의 복제 과학 발전에 중요한 영향을 미칠 것이다. 대부분의 과학 스캔들은 연구자들이 고의적으로 연구 결과를 부풀린 것이 대부분이다. 황우석 박사 스캔들의 경우 많은 수의 줄기세포가 생산되었음을 연구 책임자에게 보고하기 위해 이미 존재했던 줄기세포를 아직 확립되지 않은 배아 유래 세포들과 섞거나 나누었다. 부풀린 데이터를 증명하기 위해 컴퓨터 프로그램을 이용해 데이터를 조작하고 동일한 세포 샘플을 다른 샘플로 명명하여 분석한 것은 물론, 원하는 결과를 얻기 위해 인위적으로 실험 프로토콜을 변경했다. 사태가 악화되면서 어느 누구도 책임지지 않고, 모든 책임은 연구 책임자에게 돌려졌다. 직접 연구를 수행한 연구자들의 기본적 소양과 교육의 문제점은 스타 과학자 한 명의 몰락에 대한 사람들의 관심에 묻혀 버렸다. 제도적 정비가 이루어졌다고는 하지만 연구자는 물론 연구 지망생에 대한 지속적인 교육이 반드시 필요하다. 이와 비슷한 사건은 계속 일어나고 있기 때문이다.

다행히도 이런 점이 소중하게 생각되기 시작했고, 부족한 점이 하나씩 메워지고 있다. 연구 과정의 중요성 및 표준화된 기술 개발, 그리고 시설 설비의 규격화 등이 연구 결과의 의학적, 산업적 활용을 위한 우선적 기준으로 자리 잡고 있다. 과학적 발전에만 집중되었던 관심이 사회적, 윤리적, 법률적인 면으로도 나아가고 있다. 연구 결과에 대한 과장과 지나친 홍보, 연구자 교육, 연구 데이터 관리, 사회적 취약자 보호, 그리고 무엇보다 인간 실험 윤리 지침에 대한 이행 문제는 대단히 중요하게 생각되고 있다. 당연히 이 모두가 생명의 존엄성과 밀접한 연관이 있는 복제 과학이 지켜야 할 자세를 알려 줄 수 있는 것이다.

생명 복제 연구의 역사

1890년대	한스 드리슈가 성게의 배아를 두 부분으로 나누었는데, 두 부분이 각각 성게로 자랐다.	1962	존 거던이 성체 개구리의 내장세포를 이용하여 아프리카발톱개구리를 복제했음을 발표했다.
1901	한스 슈페만이 영원의 2세포기 배아를 두 세포로 나누고 동일한 2마리의 영원을 생산했다.	1963	J.B.S. 홀데인이 강연에서 클론(복제)이라는 용어를 사용했다.
1914	한스 슈페만이 영원 배아를 이용하여 단순한 핵 이식 실험을 했다.	1967	DNA 리가아제(DNA 가닥을 붙일 수 있는 효소)를 분리해 냈다.
1938	한스 슈페만이 놀라운 실험을 제안했다. 그는 성체세포로부터 핵을 분리하여 핵이 제거된 난자에 성체세포의 핵을 주입하고 싶었다. 그는 성체 핵을 주입한 난자가 성체로 자랄 수 있는지 알고 싶었다.	1977	카를 일멘제가 하나의 부모를 가진 생쥐들을 만들어 냈다고 주장했다.
		1978	최초의 시험관 아기 루이즈 브라운이 체외 수정에 의해 임신되어 영국에서 태어났다.
1952	로버트 브리그스와 토머스 킹이 표범개구리를 복제했다.	1979	카를 일멘제가 생쥐 3마리를 복제했다고 주장했다.
1953	프랜시스 크릭과 제임스 왓슨이 DNA의 구조를 밝혀냈다.	1982	데버 솔터와 제임스 맥그래스가 핵 이식 방법을 이용하여 생쥐들을 복제하려고 노력했다. 그러나 그들은 배아가 복제에 이용할 수 없는 2세포기에 도달했다고 결론지었다.

1982	최초의 어머니 대 어머니 인간 배아 이식이 오스트레일리아 멜버른에서 실시되었다. 건강한 난자를 생산할 수 없는 여자에게 그녀의 배우자에 의해 수정된 공여된 난자를 주었다. 이 배아를 그녀의 자궁에 이식했다.	1998	유럽 19개국이 인간 복제 금지법에 서명했다.
1984	스틴 윌러드슨이 핵 이식을 이용하여 배아세포로부터 양을 복제했다. 이는 포유동물 복제의 첫 사례였다.	2001	ACT 사가 복제 인도물소인 노아가 태어났지만 며칠 후에 죽었다고 발표했다. 영국 하원이 치료 복제에 대한 인간 배아 연구를 허용하기 위해 표결했다. ACT 사의 과학자들이 치료 연구를 위한 인간 배아를 최초로 복제했다고 발표했다. 단 하나의 배아만이 죽기 전에 6세포기까지 분열할 수 있었다.
1985	스틴 윌러드슨이 소 배아를 복제했다.		
1987	닐 퍼스트 연구진이 소를 복제하기 위해 초기 배아세포를 사용했음을 발표했다.	2003	복제 양 돌리가 죽었다. 최초의 복제 말이 태어났다.
1995	실험실에서 키운 배아세포로부터 복제된 최초의 양 메건과 모랙이 로슬린연구소에서 태어났다.	2004	황우석 박사가 배아를 생성하기 위해 인간 난자를 이용하여 핵 이식을 했다고 발표했다. 그의 연구진은 이 배아로부터 줄기세포를 만들었다. 그러나 2005년에 그는 이 결과가 거짓이었다고 인정했다.
1996	성인 세포로부터 복제된 최초의 포유류 돌리가 로슬린연구소에서 태어났다.		
1997	복제 양 돌리의 탄생이 공식적으로 발표되었다.	2005	영국 뉴캐슬대학교의 앨리슨 머독 연구진이 영국의 연구진으로는 최초로 인간 배아를 복제했다고 발표했다.

생명 복제 연구에 공헌한 과학자들

다음은 생명 복제 연구 분야에서 선구적인 연구를 수행한 과학자들이다.

로버트 윌리엄 브리그스 (1911~1983)

미국 매사추세츠 워터타운에서 태어났다. 보스턴대학교에 들어가 경영학과 교육학을 공부했다. 1934년에 과학 학위를 받고 하버드대학교로 옮겼다. 1938년에 캐나다 맥길대학교 동물학부로 가서 개구리의 암 성장을 연구했다. 이후 필라델피아에 있는 란케나우 병원 연구소에서 개구리 발생에 관련된 핵 역할을 집중적으로 연구했다. 그는 비어 있는 개구리 난자에 핵을 옮기는 기술을 개발한 토머스 킹과 함께 연구했다. 1952년 그들은 최초로 핵 이식을 수행했다. 1956년에 브리그스는 인디애나대학교의 동물학 교수가 되었고, 그곳에서 양서류의 유전과 발생을 연구했다.

한스 아돌프 에두아르트 드리슈 (1867~1941)

독일 바트크로이츠나흐에서 태어났다. 1889년에 동물학을 공부하기 위해 제나대학교에 진학했다. 1890년대에는 이탈리아 나폴리에 있는 해양동물연구소에서 배아학을 연구했다. 그는 성게 알에 대한 연구를 많이 했는데, 성게 알은 배아가 2세포기로 나뉘면서 각각이 정상적인 성게로 발생했다. 1900년 이후 그의 주된 관심은 철학이었다. 1912년에 독일 하이델베르크대학교로 옮겨 철학에 관련된 책 여러 권을 집필했다.

**한스 슈페만
(1869~1941)**

1869년 독일 슈투트가르트에서 태어났다. 학교를 그만둔 후 의학을 공부하기 위해 1891년 하이델베르크대학교에 가기 전까지 일을 하며 시간을 보냈다. 1894년에 동물학과 식물학, 물리학 학위를 받기 위해 뷔르츠부르크대학교로 옮겼다. 1901년에는 두 개의 클론을 만들기 위해 2세포기의 영원 배아를 두 부분으로 쪼개는 연구를 수행했다. 1908년에는 로스토크에서 동물학 및 비교해부학 교수가 되었다. 1914년에 최초로 영원 배아에 핵을 이식했다. 1919년에는 프라이부르크대학교에서 동물학 교수로 임용되어 20년간 연구를 계속했다. 1935년에 노벨상을 수상했고, 1938년에는 그의 연구 내용을 자세히 서술한《배아의 발달과 유도(Embryoinc Development and Induction)》를 펴냈다.

앨리슨 머독

영국 뉴캐슬에 있는 생명과학센터의 생식의학 교수이다. 1991년 머독 교수가 설립한 이 학부는 영국에서 생식 연구의 중심이 되었다. 2004년에 머독과 그녀의 동료인 미오드래그 스토이코비치 박사는 연구 목적으로 인간 배아를 복제하기 위해 영국에서 최초로 허가를 받았다. 2005년에 그들은 영국에서 인간 배아를 만든 최초의 과학자가 되었다. 머독 교수는 영국 생식학회 회장이기도 하다.

이언 윌머트 1944년 영국 워릭 근처에서 태어났다. 노팅엄대학교에 들어가 농업과학을 전공하고 케임브리지대학교로 가서 박사 학위를 받았다. 1973년에 냉동 배아로부터 최초로 송아지를 탄생시켰다. 1974년에는 나중에 로슬린연구소로 불리게 되는 동물육종연구소에서 연구하기 위해 에든버러로 갔다. 1996년 초에 윌머트와 함께 배아의 세포로부터 한 쌍의 양(메건과 모랙)을 생산하는 데 성공했고, 그해 말에 세계 최초로 복제 양 돌리를 생산했다. 윌머트는 에든버러대학교의 세포생물학연구소에 합류한 2005년 3월까지 로슬린연구소에 머물렀다. 1999년에 대영 제국 훈장을 받았고, 2000년에 에든버러 왕립협회 회원으로 선출되었다.

존 거던 동물복제의 시발점이 된 기술을 개발한 점을 인정받아 2012년 노벨 생리의학상을 받은 영국의 대표적인 과학자다. 옥스퍼드대학교 대학원 재학 시절인 1962년 성체 개구리의 내장세포를 이용해 아프리카발톱개구리를 복제했다. 현재 케임브리지대학교 명예 교수로 있으면서 자신의 이름을 딴 거던연구소 소장으로 있다.

복제 과학 발달에 기여한 우리나라 과학자들

우리나라는 복제 과학의 강국이다. 지금까지 많은 연구자가 자신의 역할을 충실히 하면서 우리나라의 척박한 연구 환경을 개척하는 데 주도적인 역할을 해 왔다.

우리나라의 복제 과학은 농과대학 축산학과 및 수의과대학이 초창기 발전을 주도했고, 1980년대에 생식의학이 빠르게 발전하면서 인재들이 많이 배출되었다. 현재는 축산학에서 발전한 동물생명공학과 수의학 분야의 우수한 학자들이 동물 및 조류 복제 연구와 줄기세포 연구에 힘을 쏟고 있으며, 국립축산과학원, 식품의약품안전청, 국립수의과학검역원 등도 복제 과학 발전을 적극 지원하고 있다.

초창기에는 주로 소의 번식과 닭 분야의 연구가 이루어졌고, 서울대학교 이용빈 교수와 오봉국 교수가 이 분야 발전의 기초를 닦았다고 평가된다. 수의과대학에서는 서울대학교 조충호 교수와 중앙대학교 정영채 교수가 임상과 기초가 연계되는 발전의 기틀을 다졌다.

1970년대는 동물 분야 연구의 급격한 발전이 이루어진 시대였다. 건국대학교 정길생 교수 연구진이 괄목할 만한 연구 성과를 낸 것을 계기로 우리나라 연구실에서도 실험 결과를 도출할 수 있다는 자신감을 얻었다. 특히 이 연구진에서 배출된 한국생명공학연구원의 이경광 박사는 우리나라에서 최초로 생쥐 복제와 슈퍼생쥐 생산에 성공했다. 한편 복제 과학은 아니지만 인간의 생식의학 분

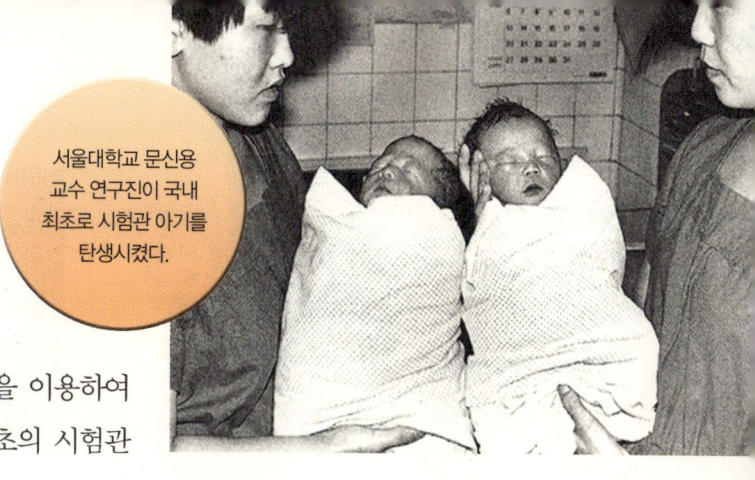

서울대학교 문신용 교수 연구진이 국내 최초로 시험관 아기를 탄생시켰다.

야에서도 체외 수정 기술을 이용하여 서울대 문신용 교수가 최초의 시험관 아기 탄생에 성공했다.

1990년대는 현장에서의 성과가 두드러졌던 시대로, 연구실과 현장의 연구 수준이 비로소 세계적 기준에 도달하게 되었다. 서울대학교 황우석 교수 연구진의 복제 소 출산과 한국생명공학연구원의 이경광 박사, 국립축산과학원의 장원경 박사, 그리고 건국대학교 김진회 박사의 형질 전환 동물 생산이 모두 이 시기에 이루어졌다.

한편 인간 생식의학 분야에서도 복제 기술을 기반으로 한 새로운 기술이 속속 개발되어 차병원 차광렬 교수 연구진에 의한 미숙 난자 발생 기술 및 차의과학대학의 정형민 교수 연구진에 의한 동결 난자 유래 아기 출생 및 배아줄기세포 연구 성과가 지속되고 있다.

2000년대는 새로운 개념의 복제 과학이 태동하여 융복합 학문의 형태로 발전하기 시작한 시기이다. 돌리 탄생 이후 KAIST 한용만 교

충남대학교 진동일 교수 연구진이 생산한 장기 이식용 복제 돼지. 인체의 면역 기능 유전자를 가진 형질 전환 복제 미니 돼지가 국내에서 탄생했다.

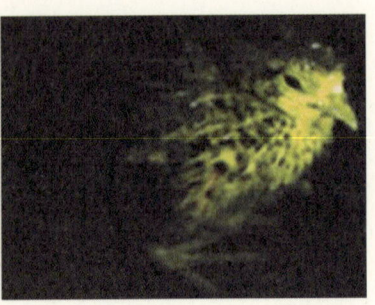

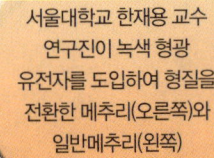
서울대학교 한재용 교수 연구진이 녹색 형광 유전자를 도입하여 형질을 전환한 메추리(오른쪽)와 일반메추리(왼쪽)

수는 복제 분야에서는 우리나라에서 최초로 리프로그래밍에 대한 연구 결과를 〈네이처(Nature)〉 자매지에 발표하는 성과를 거두었다. 서울대학교 한재용 교수의 조류 줄기세포 확립 및 줄기세포 유래 복제 조류, 형질 전환 조류 및 이종 간 이식을 통한 야생 동물 복제도 모두 이 시기에 성공했다. 서울대학교 황우석 교수 연구진에 의한 복제 애완견 탄생과 서울대학교 신태형 박사의 복제 고양이 생산은 모두 세계 최초의 업적으로 인정받고 있다. 충남대학교 진동일 교수 연구진에 의한 장기 이식용 복제 돼지 생산, 서울대학교 임정묵 교수의 이종 간 복제 배아 생산도 성공을 거두었다. 서울대학교에서는 복제 과학-줄기세포학-생리학-종양학을 연계하는 새로운 융복합 학문인 바이오모듈레이션 전공이 신설되어 생명과학의 향후 발전 방향을 예측할 수 있게 되었다.

서울대학교 신태형 교수 연구진이 만든 복제 고양이 카피캣

1980년대	1985년 국내 최초로 시험관 아기가 문신용 교수팀에 의해 태어났다. 1989년 이경광 박사 팀이 슈퍼생쥐를 만들었다.
1990년대	1997년 차광열 교수 팀에 의해 세계 최초로 미성숙 난자의 체외 성숙을 통해 아기가 태어났다. 1998년 정형민 박사 팀에 의해 세계 최초로 냉동 난자에 의한 아기가 태어났다. 1999년 황우석 교수 팀에 의해 복제소 영롱이가 태어났다. 1999년 이경광 박사 팀에 의해 형질 전환 복제 염소 메디가 태어났다.
2000년대	2000년 한재용 교수 팀에 의해 조류 생식선 줄기세포가 확립되었다. 2002년 신태형 박사 팀에 의해 체세포로 복제된 최초의 고양이 카피캣이 태어났다. 2004년 임정묵 박사 팀에 의해 이종 간 핵 이식 결과 복제 배반포가 생성되었다. 2005년 황우석 교수 팀에 의해 체세포로 복제된 최초의 애완견 스너피가 태어났다. 2008년 한재용 교수 팀에 의해 원시생식세포를 이용한 형광메추리가 태어났다. 2010년 진동일 교수 팀에 의해 장기 이식용 복제 돼지가 생산되었다. 2010년 한재용 교수 팀이 산업적 활용이 가능한 줄기세포 유래 형질 전환 복제 닭 대량 생산 기술을 미국학술원잡지(PNAS)에 보고했다.

유용한 도서와 웹 사이트

도서

《21세기의 시민-유전공학(21st Century Citizen: Genetic Engineering)》, 폴 다우스웰, 프랭클린 와츠, 2004

《유전공학-사실(Genetic Engineering: The Facts)》, 샐리 모건, 에번스 브라더, 2002

《첨단 과학-복제(Science at the Edge: Cloning)》, 샐리 모건, 하이네만 라이브러리, 2002

《어스본 인터넷 연계 유전자와 DNA 소개(Usborne Internet-Linked Introduction to Genes and DNA)》, 안나 클레이본, 어스본, 2003

《인간 복제, 그 빛과 그림자》, 안종주, 궁리, 2003

《알의 혁명》, 이무하 · 김희발 · 송계원 · 임정묵 · 한재용, 서울대학교 출판부, 2009

《복제 양 돌리 그 후》, 이언 윌머트 · 로저 하이필드, 사이언스북스, 2009

《윌머트가 들려주는 복제 이야기》, 황신영, 자음과 모음, 2010

웹 사이트

유전학 학습 센터-복제
http://learn.genetics.utah.edu/content/tech/cloning/
복제를 비롯한 생명과학 기술에 대한 정보를 그림과 사진으로 설명하고 있다.

온라인 생명공학
http://www.biotechnologyonline.gov.au
오스트레일리아의 중등 교육용 생명공학 자료가 수록되어 있다.

줄기세포에 대한 정보
http://stemcells.nih.gov
줄기세포 연구에 대한 미국 국립보건원의 웹 사이트이다.

한국줄기세포학회
http://www.stem-cell.or.kr
줄기세포 연구와 관련해서 열리는 각종 학술 대회 정보를 얻을 수 있다.

인터넷 자료방(How Stuff Works)-복제
http://science.howstuffworks.com/environmental/life/genetic/cloning.htm
〈뉴사이언티스트〉, 〈사이언스〉, 〈포커스〉, 〈가디언〉 등 주요 과학 잡지와 신문에 실린 복제 관련 기사를 제공한다.

글 샐리 모건

과학과 환경에 관심이 많은 전문 작가이자 사진가이다. 중등학교 생물학과장 및 대학교 입학시험 생물학과 채점위원장을 지냈다. 지금은 과학과 환경 관련 글을 쓰는 데 전념하면서 유기농 농장을 가꾸고 있다. 《기후 변화》, 《에너지》 등 250권이 넘는 책을 썼다.

편역 임정묵

서울대학교 수의과대학을 졸업한 후 일본 오카야마 대학에서 발생공학 전공으로 이학박사 학위를 받았다. 미국 루이지애나 주립대학과 차의과학대학 의학과 교수를 역임한 후 모교로 돌아와 농생명공학부에 재직하고 있다. 학부장, BK21 사업단장, SNU 바이오허브 센터장 등을 역임했고, 현재 서울대학교 부속실험목장장 및 서울대학교 기관윤리심의위원회 위원직을 맡고 있다. 《생명 공학으로의 초대》, 《알의 과학》 등 복제 과학 관련 책을 썼고, 《좋은 아버지 수업》을 비롯한 청소년 교육에 관련된 다수의 저서가 있다.

그림 강준구

청강문화산업대학에서 만화를 공부한 뒤 《나노에 둘러싸인 하루》, 《인체와 질병》, 《줄기세포 발견에서 재생의학까지》 등에 그림을 그렸다.

성게 실험에서 복제 양 돌리까지

처음 펴낸 날 | 2013년 7월 25일
두 번째 펴낸 날 | 2017년 1월 15일

글 | 샐리 모건
편역 | 임정묵

펴낸이 | 김태진
펴낸곳 | 도서출판 다섯수레
등록일자 | 1988년 10월 13일
등록번호 | 제 3-213호
주소 | 경기도 파주시 광인사길 193(문발동)(우 10881)
전화 | 02)3142-6611(서울 사무소)
팩스 | 02)3142-6615
홈페이지 | www.daseossure.co.kr

ⓒ 다섯수레 2013

ISBN 978-89-7478-381-5 44400
ISBN 978-89-7478-349-5(세트)